海河

"23·7"流域性特大洪水

防御纪实

水利部海河水利委员会　编著

中国水利水电出版社
www.waterpub.com.cn

·北京·

内 容 提 要

本书全方位记录了海河"23·7"流域性特大洪水防御过程，对暴雨洪水过程、防御情况、经验启示等方面内容进行详细介绍，系统总结工作经验，为今后海河流域洪水防御工作提供指导和借鉴，并向公众普及海河流域洪水防御知识。

本书既可供从事水文监测预报、水旱灾害防御、水工程调度等领域工作的管理和技术人员参考，也可供高等院校及水利相关专业人员参阅。

责任编辑　李亮　耿迪

图书在版编目（ＣＩＰ）数据

海河"23·7"流域性特大洪水防御纪实 / 水利部海河水利委员会编著. -- 北京 ： 中国水利水电出版社，2024.2
　ISBN 978-7-5226-2292-7

Ⅰ．①海… Ⅱ．①水… Ⅲ．①海河－流域－防洪－概况－2023 Ⅳ．①TV882.821

中国国家版本馆CIP数据核字(2024)第041603号

审图号：GS京（2024）0372号

书　　名	海河"23·7"流域性特大洪水防御纪实 HAI HE "23·7" LIUYUXING TEDA HONGSHUI FANGYU JISHI
作　　者	水利部海河水利委员会　编著
出版发行	中国水利水电出版社 （北京市海淀区玉渊潭南路 1 号 D 座　100038） 网址：www.waterpub.com.cn E - mail：sales@mwr.gov.cn 电话：(010) 68545888（营销中心）
经　　售	北京科水图书销售有限公司 电话：(010) 68545874、63202643 全国各地新华书店和相关出版物销售网点
排　　版	中国水利水电出版社微机排版中心
印　　刷	北京印匠彩色印刷有限公司
规　　格	184mm×260mm　16 开本　10.75 印张　223 千字
版　　次	2024 年 2 月第 1 版　2024 年 2 月第 1 次印刷
定　　价	**168.00 元**

2023 年夏季，海河流域度过了一个不寻常的汛期。受台风"杜苏芮"影响，一场自 1963 年以来最大的流域性特大洪水袭掠广袤的华北大地。7 月 28 日至 8 月 1 日，海河流域出现一轮历史罕见极端暴雨过程，流域面平均降水量为 155.3mm，最大点雨量为北京门头沟清水站的 1014.5mm。受强降水影响，海河发生流域性特大洪水，先后有 22 条河流发生超警戒以上洪水，7 条河流发生超保证洪水，8 条河流发生有实测资料以来最大洪水。

党中央、国务院高度重视防汛抗洪工作，密切关注汛情发展趋势和抗洪进展，在每一个关键时刻都作出科学周密部署。习近平总书记多次作出重要指示，亲自指挥、亲自部署，主持召开中共中央政治局常委会会议，研究部署防汛抗洪救灾和灾后恢复重建工作。李强总理主持国务院常务会议，研究防汛抢险救灾工作。

水利部认真贯彻习近平总书记对防汛救灾工作的重要指示精神，坚持人民至上、生命至上，就防御洪水作出全面部署。水利部海河水利委员会强化流域管理、科学组织调度，流域各有关省（直辖市）团结协作、精准施策，全力以赴做好暴雨洪水防御工作。经过各方共同努力，海河"23·7"流域性特大洪水防御取得重大胜利。

《海河"23·7"流域性特大洪水防御纪实》
编 写 人 员

主　　编：乔建华

副 主 编：韩瑞光　　侯昊华　　杨志刚　　王　哲　　仇新征
　　　　　董继英　　陈　磊　　陈泓亮

编写人员：赵　悦　　范士盼　　李婧媛　　秦道清　　郭雪娇
　　　　　范　辉　　毛　艳　　王　丹　　刘　涵　　侯文硕
　　　　　薛　程　　王丽叶　　杨学军　　杨　邦　　魏　琳
　　　　　杨　敏　　陈　旭　　任　彤　　张治倩　　李有存
　　　　　周　波　　厉治平　　李　宇　　徐　峰　　霍凤霖
　　　　　刘　伟　　魏国忠　　侯建强　　解　天　　武甲庆
　　　　　李增强　　周广刚　　杨士斌　　王文军　　穆　伟
　　　　　李芳华　　尹雅清　　张垚宾　　翟宝辉　　贾志杰
　　　　　杨丰源　　周莉娜　　潘志刚　　马中帅　　王双琪
　　　　　张浩飞　　霍德舟　　时　昀　　温荣旭　　果　靖
　　　　　高滢钦　　陈琦莹　　张松涛　　张永谦　　张　坤

序

海河流域东临海洋，有良好的水汽输送通道；北依燕山山脉、西临太行山山脉，两大山脉构成水汽的天然屏障，历史上这里一直就是中国的暴雨多发区。海河流域水系复杂，各河系分流入海、源短流急、洪水突发性强、洪水预见期短，洪涝灾害多发频发。1963年、1996年、2012年、2016年、2021年等流域性洪水均造成了巨大灾害损失。

自1963年8月海河发生流域性特大洪水以来，在毛泽东主席"一定要根治海河"的号召指引下，国家持续加大海河各水系的治理力度。按照"上蓄、中疏、下排、适当地滞"的防洪方针，海河流域基本形成了"分区防守、分流入海"的防洪格局，由水库、河道及堤防、蓄滞洪区组成的防洪工程体系基本建成，布局合理的水文监测预报"三道防线"和流域洪水防御管理体系也基本建立。

2023年7月，受台风"杜苏芮"残余环流的影响，海河流域发生了自1963年以来最大的流域性特大洪水。先后有22条河流发生超警戒以上洪水，7条河流发生超保证洪水，8条河流发生有实测资料以来最大洪水，8个蓄滞洪区启用。防汛抗洪形势一度异常复杂严峻。

在党中央、国务院坚强领导下，水利部及水利部海河水利委员会协同流域各有关省（直辖市），深入践行习近平总书记"两个坚持、三个转变"防灾减灾救灾理念，坚持人民至上、生命至上，以周密的部署、有力的举措，成功地防御了海河"23·7"流域性特大洪水，确保了社会稳定、人民安宁。

在这场洪水防御工作中，各级水利部门始终把保障人民群众生命财产安全放在首位，坚决扛起防汛天职，贯通雨情、水情、险情、灾情"四情"防御，强化预报、预警、预演、预案"四预"措施，通过科学精细调度，避免了 24 个城镇、751 万亩❶耕地受淹，避免了 462.3 万人转移。国家防汛抗旱总指挥部、水利部、海河防汛抗旱总指挥部、水利部海河水利委员会从最不利情况出发，做好最充分准备，超前谋划、提前部署，统筹上下游、左右岸、干支流，科学精细调度水工程，精准管控洪水防御全过程、各环节，最大程度减轻了洪涝灾害损失，充分彰显了水利人勇挑重担、攻坚克难的责任担当与不畏艰苦、甘于付出的奉献精神，书写了我国治水史上又一恢宏篇章。

洪水过后，水利部海河水利委员会组织撰写了《海河"23·7"流域性特大洪水防御纪实》一书，全景式展现洪水防御过程，记录科学防御措施，介绍防汛减灾新技术及其应用，总结经验成效，查找差距和短板，相关数据翔实珍贵，是一本难得的、具有重要查阅参考价值的书籍。

记录历史，启迪当下，开创未来，这也正是《海河"23·7"流域性特大洪水防御纪实》一书的意义所在，相信本书的出版将为今后流域防洪工作提供重要的参考和指导。

张建云

水利部应对气候变化研究中心主任
中国工程院院士、英国皇家工程院院士
2023 年 12 月

---

❶ 1 亩 ≈ 666.67m²。

前言

　　2023 年 7 月 28 日至 8 月 1 日，受台风"杜苏芮"残余环流北上、地形抬升和副热带高压的共同影响，海河流域出现自 1963 年以来最大强降水过程，发生海河"23·7"流域性特大洪水。

　　党中央、国务院高度重视防汛救灾工作，习近平总书记于 7 月 4 日对防汛救灾工作作出重要指示，强调各级领导干部要加强应急值守、靠前指挥，坚持人民至上、生命至上，守土有责、守土负责、守土尽责，切实把保障人民生命财产安全放到第一位。8 月 1 日，习近平总书记对防汛救灾工作作出重要指示，要求各地要妥善安置受灾群众，抓紧修复交通、通讯、电力等受损基础设施，尽快恢复正常生产生活秩序，强调当前正值"七下八上"防汛关键期，各地区和有关部门务必高度重视、压实责任，强化监测预报预警，加强巡查值守，紧盯防汛重点部位，落实落细各项防汛措施，全力保障人民群众生命财产安全和社会大局稳定。李强总理主持国务院常务会议，研究防汛抢险救灾工作。党中央、国务院的领导指挥，为做好防汛抗洪工作提供了根本遵循和强大动力。

　　水利部、水利部海河水利委员会把防汛抗洪救灾作为重大政治责任和头等大事来抓，闻"汛"而动、尽锐出击、昼夜鏖战，充分发挥水利干部职工专业技术优势和水利工程中流砥柱作用。流域各有关省（直辖市）迅速行动，多措并举，合力打赢抗击严重洪涝灾害这场硬仗，奋力夺取防汛抗洪的重大胜利。

为全方位记录海河"23·7"流域性特大洪水防御工作，复盘过程，总结经验，水利部海河水利委员会会同水利部有关司局、流域各省级水行政主管部门，组织编纂《海河"23·7"流域性特大洪水防御纪实》，力求全面准确记述成功应对海河"23·7"流域性特大洪水的全过程。

　　《海河"23·7"流域性特大洪水防御纪实》一书从暴雨洪水过程、洪水防御、工程调度、经验启示等方面系统梳理了海河"23·7"流域性特大洪水防御工作过程，充分彰显了水利人顽强拼搏、不怕牺牲、敢打硬仗的优良作风，客观总结了本次洪水防御的成功经验，以期存史资政，为未来海河流域洪水防御工作提供有益借鉴和参考。

　　本书的编撰工作得到了水利部领导及水利部办公厅、水旱灾害防御司、水文司、南水北调工程管理司等相关司局的悉心指导和流域各省级水行政主管部门的大力支持，有关专家提出了宝贵的意见建议，并对全书内容进行了审核把关，在此一并表示感谢。

　　由于本书编写时间较短，加之编者水平有限，不足之处在所难免，诚请指正。

编者

2023 年 12 月

■ 水利部部长李国英在大清河系南拒马河右堤东马营段检查指导

■ 水利部部长李国英在白沟河左堤东茨村段检查指导抢险工作

■ 水利部副部长刘伟平于汛前检查潘家口水库

■ 永定河系斋堂水库泄洪

■ 子牙河系黄壁庄水库泄洪

■ 大清河系新盖房枢纽泄洪

■ 永定河系卢沟桥枢纽分泄洪水

■ 独流减河防潮闸提闸泄洪入海

■ 兰沟洼蓄滞洪区围堤扒口分洪

■ 水利部海河水利委员会水文应急监测队深夜在北拒马河监测流量

■ 水利部海河水利委员会水文应急监测队在兰沟洼蓄滞洪区分洪口门监测流量

■ 白沟河左堤东茨村段险情得到成功处置

■ 北京市门头沟区灾后组织清理永定河河道

■ 天津市静海区人民群众送别抗洪抢险的部队官兵

海 河 流 域 图

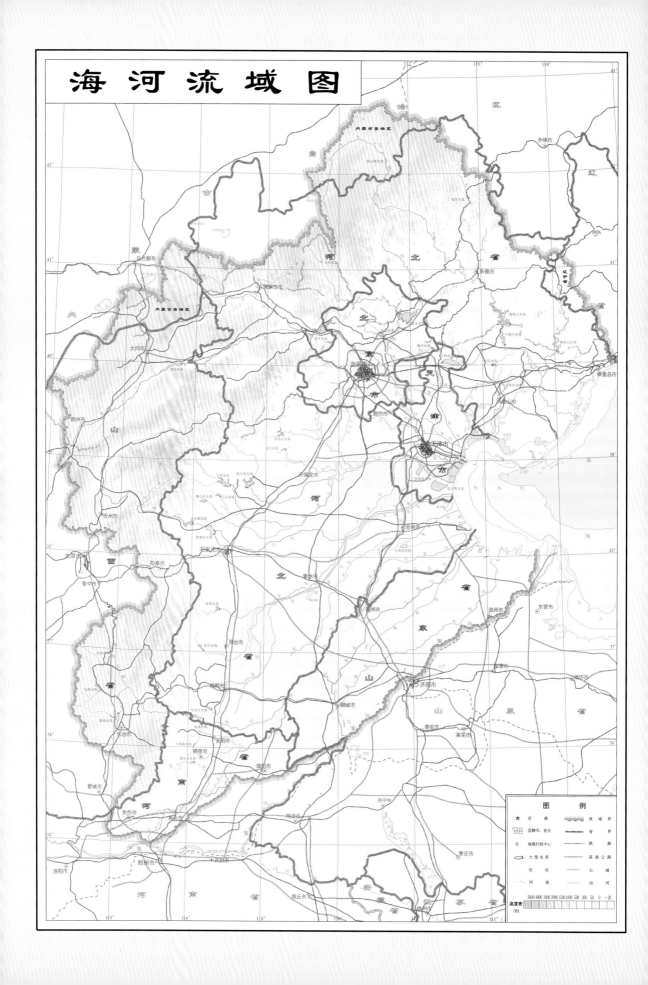

目录

第一章
海河流域基本情况

海河流域地处京畿重地,包括北京、天津两直辖市全部,河北省绝大部分,山西省东部,河南、山东两省北部,内蒙古自治区和辽宁省一小部分,战略地位极其重要。

海河水系支流繁多,干流河道狭窄多弯,加上降水集中,历史上水患频繁。1963年,在海河流域发生历史罕见的大洪水之后,毛泽东主席发出"一定要根治海河"的号召,相关省(直辖市)协同作战,百万"治水大军"挥锹上阵,打响了根治海河的战役,成为中国治水史上的重要篇章。

经过几十年的持续整治,海河流域基本形成了"分区防守、分流入海"的防洪格局,由水库、河道及堤防、蓄滞洪区组成的防洪工程体系基本建成,为应对洪水奠定了坚实基础。

—— 第一节　地理概况 ——

一、地理位置

海河流域地处中国华北地区，位于东经 112°～120°、北纬 35°～43°，东临渤海，西以山西高原与黄河流域接界，南界黄河，北以内蒙古高原与内陆河流域接界。流域地跨北京、天津、河北、山西、河南、山东、内蒙古、辽宁等 8 个省（自治区、直辖市），流域总面积 32.06 万 km²，占全国总面积的 3.3%。流域海岸线长 920km。

二、地形地貌

海河流域总的地势为西北高、东南低。流域的西部、北部为山地和高原，西有太行山，北有燕山，海拔高度一般约 1000m，最高的五台山达 3061m，山地和高原面积 18.96 万 km²，占流域总面积的 59%；流域东部和东南部为广阔平原，平原面积 13.10 万 km²，占流域总面积的 41%。

流域内太行山、燕山等山脉环抱平原，形成一道高耸的屏障。山地与平原近于直接交接，丘陵过渡区较短。流域山区分布有张（家口）宣（化）、蔚（县）阳（原）、涿（鹿）怀（来）、大同、天（镇）阳（高）、延庆、遵化、忻（州）定（襄）、长治等盆地。

平原地势自北、西、西南三个方向向渤海湾倾斜，其坡降由山前平原的 1‰～2‰，渐变为东部平原的 0.1‰～0.3‰。受黄河历次改道和海河各支流冲积的影响，平原内微地形复杂。

三、气候特征

海河流域地处温带半湿润、半干旱大陆性季风气候区。春季受大陆变性气团的影响，气温升高快，蒸发量大，多大风，降水量较少；夏季太平洋副热带高压势力加强，热带海洋气团与极地大陆气团在海河流域交绥，气候湿润，降水量较多；秋季东南季风减退，极地大陆气团增强，天气秋高气爽，降水量减少；冬季受极地大陆气团控制，气候干冷，雨、雪稀少。

气温由北向南递增。年平均气温为 0～14.5℃，1 月气温最低，7 月气温最高，极端最低气温可达 −35℃，极端最高气温在 40℃以上。

无霜期北部大部分地区为 150～200d，部分地区为 100～150d，平原南部及沿海地区无霜期 200d 以上。西部相对湿度小，东南部大，全年为 50%～70%。

年平均日照时数一般为 2400～3100h。长城以北大部分地区及渤海沿岸年平均日照时数为 2800～3100h；燕山、太行山麓及附近平原年平均日照时数为 2700h 以下。

海河流域是全国各大流域中降水量较少的地区，1956—2016 年年平均降水量为 527mm。1980—2016 年年平均水面蒸发量为 1043mm，平原蒸发量大于山区蒸发量。

四、水文特征

海河流域降水量年内分配很不均匀，80%左右集中在 6—9 月，且往往集中在几次强降水过程；降水的年际变化很大，丰水年可达 800mm，枯水年仅 360mm 左右。流域暴雨中心集中在燕山、太行山山前地区。暴雨主要集中在 7—8 月，尤以 7 月下旬和 8 月上旬发生的几率最大，约占大暴雨发生次数的 85%。

海河流域沿燕山、太行山迎风坡存在一条 24h 降水量大于 100mm 的弧形多雨带，它是流域的大暴雨区，也是全国的大暴雨区之一，自东北向西南分别为遵化、良乡、司仓、狮子坪、獐狐、土圈等。1963 年 8 月，海河发生特大暴雨，河北省邢台市内丘县獐狐 7d 降水量达 2050mm，为中国大陆已有记录的最高值。

海河流域各河系支流呈扇形分布，洪峰易相互叠加。各河系洪水一般均以陡涨陡落、洪量集中、洪峰高、历时短的形式出现，极易造成特大洪水，洪水预见期短，且突发性强。山区地形陡峻，植被差，降水产汇流快，从山区降水到河道出山口出现洪水，最长不过 1～2d，短的仅几个小时。同时，山区、平原之间过渡带短，河流源短流急，洪水出山后直接进入平原地区，洪水来势迅猛。

五、河流水系

海河流域包括滦河、海河和徒骇马颊河三个水系。滦河水系包括滦河及冀东沿海诸河；海河水系包括北三河（蓟运河、潮白河、北运河）、永定河、大清河、子牙河、漳卫河等河系；徒骇马颊河水系包括徒骇河、马颊河和德惠新河等平原河流。

海河流域的河流分为两种类型：一种类型是发源于太行山、燕山背风坡的河流，如漳河、滹沱河、永定河、潮白河、滦河等，这些河流源远流长，山区汇水面积大，水系集中，比较容易控制，河流泥沙较多；另一种类型是发源于太行山、燕山迎风坡的河流，如卫河、滏阳河、大清河、北运河、蓟运河、冀东沿海河流等，其支流分散，源短流急，洪峰高、历时短、突发性强，难以控制，此类河流的洪水多是经过洼淀滞蓄后下泄，泥沙较少。两种类型的河流呈相间分布，清浊分明。

（一）滦河水系

滦河上源称闪电河，发源于河北省承德市丰宁满族自治县西北大滩镇，流经内蒙古，又折回河北，经承德到潘家口穿过长城至滦县进入冀东平原，由乐亭县南入海。主要支流有小滦河、兴州河、伊逊河、武烈河、老牛河、青龙河等。

冀东沿海诸河位于海河流域东北部冀东沿海一带，有若干条单独入海的河流，主要有陡河、沙河、洋河、石河等。

（二）海河水系

历史上，海河水系是一个扇形水系，集中于天津市海河干流入海。20世纪60—70年代，为了增加下游河道泄洪入海能力，先后开挖和疏浚了潮白新河、独流减河、子牙新河、漳卫新河和永定新河，使各河系单独入海，改变了过去各河集中于天津入海的局面。海河干流起自天津市子北汇流口（子牙河与北运河汇流口），经天津市区东流至塘沽海河闸入海，截至2023年年底，只承泄大清河、永定河部分洪水，并承担天津市中心城区的排涝任务。

1. 北三河系

蓟运河主要支流有沟河、州河和还乡河，分别发源于燕山南麓河北省承德市兴隆县、遵化市和唐山市迁西县境内。州河、沟河于天津市九王庄汇合后称蓟运河，至阎庄纳还乡河，南流至北塘汇入永定新河入海。青甸洼是沟河的蓄滞洪区，盛庄洼是还乡河的蓄滞洪区。

潮白河上游有潮河、白河两支流，分别发源于河北省承德市丰宁满族自治县和张家口市沽源县，在北京市密云区汇合后称潮白河，至怀柔区纳怀河后流入平原，下游河道经北京市苏庄至河北省廊坊市香河县吴村闸。吴村闸以下称潮白新河，至天津市宁车沽汇入永定新河入海。黄庄洼是潮白新河的蓄滞洪区，位于潮白新河和蓟运河之间。

北运河发源于北京市昌平区燕山南麓，通州北关闸以上称温榆河，北关闸以下称北运河，沿途纳凉水河、凤港减河等平原河道，于屈家店枢纽与永定河交汇，至天津市子北汇流口与子牙河汇合入海河干流。运潮减河是分泄北运河洪水入潮白河的人工减河，北运河洪水至土门楼主要经青龙湾减河入潮白新河。大黄堡洼是北运河的蓄滞洪区。

2. 永定河系

永定河上游有桑干河、洋河两大支流。桑干河发源于山西高原北部忻州市宁武县管涔山，洋河发源于内蒙古高原南缘，两河于河北省张家口市怀来县朱官屯汇合后称永定河，在官厅附近纳妫水河，经官厅山峡于三家店进入平原。三家店以下两岸均靠堤防约束，卢沟桥至梁各庄段为地上河，梁各庄以下进入永定河泛区。泛区下口屈家店以下为永定新河，在大张庄以下纳龙凤河、金钟河、潮白新河和蓟运河，于北塘入海。

3. 大清河系

大清河源于太行山东侧，分南、北两支。南支为赵王河水系，包括潴龙河（支流有磁河、沙河）、瀑河、漕河、府河、唐河等，均汇入白洋淀；北支为白沟河水系，主要支流有小清河、琉璃河、拒马河、易水等，拒马河在张坊以下分为南、北拒马河，北拒马河至东茨村附近纳琉璃河、小清河后称白沟河，至白沟镇与南拒马河汇合后称大清河。南支洪水由白洋淀经赵王新河入东淀，北支洪水由新盖房分洪道入东淀。东淀以下洪水分别经独流减河和海河干流入海。河系中下游地势相对低洼，形成了小清河分洪区，以及兰沟洼、白洋淀、东淀、文安洼、贾口洼、团泊洼等蓄滞洪区。

4. 子牙河系

子牙河有滹沱河、滏阳河两大支流。滹沱河发源于山西省五台山北麓，流经忻定盆地，至忻州市东冶镇以下穿行于峡谷之中，至河北省岗南附近出山峡，纳冶河经黄壁庄后入平原，至草芦进入滹滏三角地带的献县泛区。滏阳河发源于太行山南段东侧河北省邯郸市磁县，支流众多，主要有洺河、南洺河、汦河、槐河等，艾辛庄以下为滏阳新河，在献县枢纽与滹沱河相汇后始称子牙河。滏阳河沿河有永年洼、大陆泽、宁晋泊等蓄滞洪区。子牙河经天津市西河闸于子北汇流口入海河干流后入海。1967年，从河北省沧州市献县起辟子牙新河东行至马棚口入海。

5. 漳卫河系

漳卫河上游有漳河和卫河两大支流。漳河支流有清漳河和浊漳河，均发源于太行山的背风区，清漳河、浊漳河于合漳村汇成漳河，经岳城出太行山，讲武城以下两岸有堤防约束。大名泛区为漳河的蓄滞洪区。卫河发源于太行山南麓，由10余条支流汇成，较大的有淇河、汤河、安阳河等。1958年为引黄淤灌而修建的共产主义渠，1962年停止引黄后用于行洪。卫河两侧良相坡、白寺坡、柳围坡、长虹渠、小滩坡、任固坡、共产主义渠以西地区，以及卫河支流上的广润坡、崔家桥等坡洼为蓄滞洪区。漳河、卫河两河于徐万仓汇合后称卫运河，至四女寺枢纽，四女寺枢纽以下为漳卫新河和南运河。恩县洼为卫运河的蓄滞洪区。

（三）徒骇马颊河水系

徒骇、马颊河位于黄河与卫运河及漳卫新河之间，由西南向东北流入海，为平原防洪排涝河道。徒骇河发源于河南省濮阳市清丰县，于山东省滨州市沾化区入海；马颊河发源于河南省濮阳县金堤闸，于山东省滨州市无棣县入海。马颊河与徒骇河之间开挖了一条德惠新河，德惠新河于无棣县下泊头村东与马颊河汇合，两河共用一个河口入海。此外，区域内沿海一带还有若干条独流入海的小河。

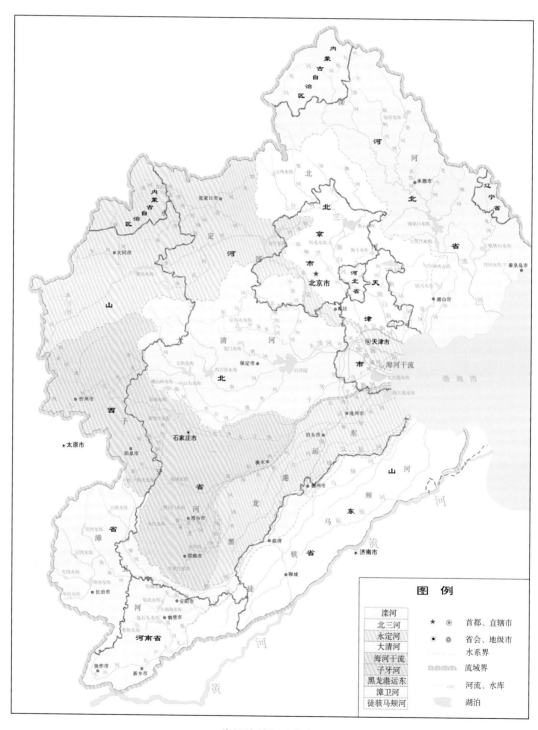

海河流域河系分布

第二节　历史洪水

海河流域是洪水多发地区，历史上曾遭受多次洪水灾害，给当地人民带来过不少苦难。

流域内的支流大部分源短流急，一遇暴雨，洪水便呼啸而下。而海河入海河道排泄量小，洪水一来，各河就泛滥成灾，千里平原变成一片汪洋。历史记载表明，1469—1948 年的 480 年间，水灾有 194 次。

根据文献考证、洪水调查和实测资料分析，自 17 世纪以来，海河流域比较突出的洪水年份有 1607 年、1626 年等共 21 个年份，其中 20 世纪以来发生的典型大洪水年份包括 1939 年、1956 年、1962 年及 1963 年等，近期发生的较大洪水为 1996 年、2021 年洪水。

1939 年 7—8 月的洪水主要发生在潮白河、北运河及永定河。潮白河密云站洪峰流量为 $10650 \sim 13000 \mathrm{m^3/s}$，超过 100 年一遇；北运河通州站洪峰流量为 $2200 \mathrm{m^3/s}$，相当于 50 年一遇；永定河官厅站洪峰流量为 $4000 \mathrm{m^3/s}$，接近于 20 年一遇。洪水总量 304 亿 $\mathrm{m^3}$，洪水造成堤防溃决，淹地 5000 余万亩，受灾人口 800 余万人；天津市 70%～80% 的街道水深为 1～2m，时间持续一个多月，受灾人口达 70 余万人。

1956 年 8 月的洪水范围较大，主要发生在海河南系的子牙河及漳卫河。滹沱河黄壁庄站洪峰流量为 $13100 \mathrm{m^3/s}$，漳河观台站洪峰流量为 $9200 \mathrm{m^3/s}$，海河水系的最大 30d 洪水总量达 200.7 亿 $\mathrm{m^3}$。洪水造成堤防溃决，淹地 6030 万亩，受灾人口 1500 万人。

1962 年 7 月的洪水主要发生在滦河上中游，滦县站洪峰流量为 $34000 \mathrm{m^3/s}$，接近于 100 年一遇，洪水总量约 45 亿 $\mathrm{m^3}$。洪水造成京山铁路以下滦河大堤左岸漫溢，右岸 10 余处溃决；在汀流河附近扒堤向两岸分洪，使冀东沿海东起昌黎隆口西至柏各庄尽成泽国。滦河沿岸 7 县受灾耕地共达 285 万亩，倒塌房屋 9.4 万间，受灾人口 231.5 万人。主要公路多处被冲毁，京山铁路一度停运。

1963 年 8 月的洪水主要发生在大清河、子牙河及漳卫河，大清河新镇站最大 3d 洪水总量、6d 洪水总量均接近于 100 年一遇，15d 洪水总量相当于 50 年一遇，30d 洪水总量为 30～50 年一遇；子牙河献县站最大 30d 洪水总量超过 300 年一遇。8 月洪水总量 301.29 亿 $\mathrm{m^3}$，洪水淹没农田 6146 万亩，倒塌房屋 1450 余万间，冲毁铁路 75km，直接损失估计达 60 余亿元，善后救灾开支约 10 亿元。

1996 年 8 月上旬，海河南系太行山迎风坡子牙河和漳卫河普降暴雨。8 月洪水总量 101.69 亿 $\mathrm{m^3}$。洪水来势迅猛，但历时较短。子牙河、漳卫河部分干支流决口，造成经济损失 402 亿元。

2021 年，海河流域发生历史罕见夏秋连汛。漳卫河系出现 1963 年以来最严重汛情，洪水总量 67 亿 m³。海河流域 15 条河流水位超警戒水位，漳卫河系、子牙河系共计 11 个蓄滞洪区启用。

第三节 经济社会

海河流域总人口 1.54 亿人，占全国总人口的 11%。流域平均人口密度为 477 人/km²。2022 年海河流域内地区生产总值达 15.51 万亿元（当年价，下同），占全年国内生产总值的 12.8%。

海河流域是全国政治文化中心，重要基础设施众多。东部沿海是环渤海地区，西部为煤炭资源基地，中部平原是重要粮食生产基地。党的十八大以来，习近平总书记亲自谋划、亲自部署、亲自推动，京津冀协同发展不断迈上新台阶。2017 年 4 月 1 日，中共中央、国务院决定设立雄安新区。2022 年京津冀地区生产总值合计 10.03 万亿元，占全年国内生产总值的 8.3%。

海河流域是全国重要的工业基地和高新技术产业基地，在经济发展中具有重要的战略地位。主要行业有冶金、电力、化工、机械、电子、煤炭等，形成以京津唐以及京广铁路、京沪铁路沿线城市为中心的工业生产布局。以电子信息、生物技术、新能源、新材料为代表的高新技术产业发展迅速，已在流域经济中占有重要地位。

海河流域矿产资源丰富，种类繁多，煤、石油、天然气、铁、铝、石膏、石墨、海盐等蕴藏量在全国均名列前茅，是矿产资源种类较为齐全的地区，特别是煤蕴藏量丰富。据不完全统计，海河流域内煤蕴藏量达 2026 亿 t，约占全国的 30%，年开发量 2.8 亿 t，约占全国的 20%。流域内拥有华北、大港油田和胜利、中原油田的一部分，石油蕴藏量约 15 亿 t，年开采量 3600 万 t。

海河流域土地、光热资源丰富，适于农作物生长，是全国主要粮食生产基地之一，主要粮食作物有小麦、玉米、大麦、高粱、水稻、豆类等，经济作物以棉花、油料、麻类、烟叶为主。2022 年海河流域耕地面积 16432 万亩，灌溉面积 11599 万亩。

海河流域陆海空交通便利。北京是全国的航空、铁路交通中枢，天津、秦皇岛、唐山、黄骅是重要的海运港口，海河流域已建成以京津、京沪、京珠、京藏、京昆、大广、京沈、石太等高速公路为骨干的公路网和以京津、京沪、京广、津保、石太等高速铁路为骨干的铁路网。

第四节 防洪体系

1963 年 8 月，海河流域南系降下有历史记录以来的最大暴雨，洪水泛滥，河堤溃决，数百里一片汪洋，流域人民群众的生命和财产遭受了巨大损失。毛泽东主席先后多次视察灾情、指导救灾工作，并于 1963 年 11 月 17 日亲笔题词"一定要根治海河"。根据这一重要指示，全面治理海河工程拉开序幕。

按照"上蓄、中疏、下排、适当地滞"的防洪方针，经过不同时期的水利建设，海河流域基本形成了"分区防守、分流入海"的防洪格局，由水库、河道及堤防、蓄滞洪区组成的防洪工程体系基本建成。山区修建了 33 座大型水库，控制了流域山区面积的 85％以上。骨干河道陆续得到治理，开挖疏浚行洪河道 50 余条。设置了 28个国家蓄滞洪区。

在完善防洪工程体系的同时，雨水情监测预报"三道防线"加快构建，基于国家防汛抗旱指挥系统建设和数字孪生技术，积极推进防洪"四预"体系建设。坚持流域统一调度管理，围绕"人员不伤亡、水库不垮坝、重要堤防不决口、重要基础设施不受冲击"的洪水防御目标，发挥流域机构和流域防总办公室职能，构建了洪水防御矩阵管理体系，不断完善防御洪水方案和洪水调度方案，为防御洪水提供了科学指南。

第二章

海河 "23·7" 暴雨洪水过程

2023年7月28日至8月1日，海河流域出现一轮历史罕见极端暴雨过程（以下简称"海河'23·7'暴雨"）[1]，流域面平均降水量155.3mm。受强降水影响，海河发生流域性特大洪水，洪水过程随降水过程移动自南向北出现，先后有22条河流发生超警戒以上洪水，7条河流发生超保证洪水，8条河流发生有实测资料以来最大洪水，永定河泛区、小清河分洪区、兰沟洼、东淀、大陆泽、宁晋泊、献县泛区、共渠西等8个蓄滞洪区启用，子牙河、永定河、大清河相继发生编号洪水。

---

[1] 本书中 "21·7" "96·8" "12·7" "16·7" 暴雨、洪水均指相应年月发生的暴雨、洪水。

<h2>第一节　暴雨特点</h2>

受台风"杜苏芮"残余环流北上、地形抬升和副热带高压的共同影响，2023年7月28日至8月1日，海河流域普降大到暴雨，局部降特大暴雨，暴雨中心主要位于流域太行山、燕山山前，大清河系拒马河、子牙河系滹沱河滏阳河、永定河官厅山峡区间。流域累计面平均降水量155.3mm，其中大清河系305mm、子牙河系186mm、漳卫河系182mm、北三河系139mm、永定河系93mm、徒骇马颊河系82mm、滦河系38mm。流域累计面平均降水量100mm、200mm、300mm笼罩面积分别为16.33万km²、8.05万km²、3.62万km²。单站累计降水量最大为永定河系清水河清水站（北京门头沟）1014.5mm，子牙河系泜河临城站（河北邢台）1003mm、槐河三六沟站（河北石家庄）832.5mm、宋家庄川桃园站（河北邢台）830.5mm，大清河系大石河霞云岭站（北京房山）823mm。

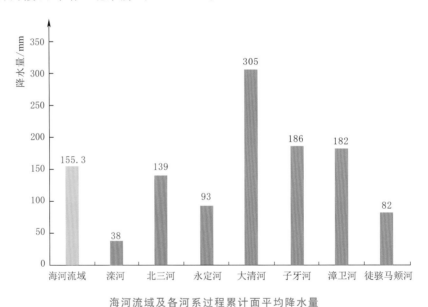

海河流域及各河系过程累计面平均降水量

<h3>一、暴雨成因</h3>

持续充沛的水汽输送、"高压坝"阻挡和地形抬升的共同作用是海河"23·7"暴雨的主要成因。

一是稳定的"高压坝"使得台风残余环流移速慢，降水持续时间长。台风"杜苏芮"残余环流北上过程中，流域东部强大的副热带高压和西部高压脊东移，在华北北部形成"高压坝"，"高压坝"使台风"杜苏芮"残余环流移动缓慢，在华北到黄淮一带的停留时间增长，导致降水过程持续时间长、累计面平均降水量大。

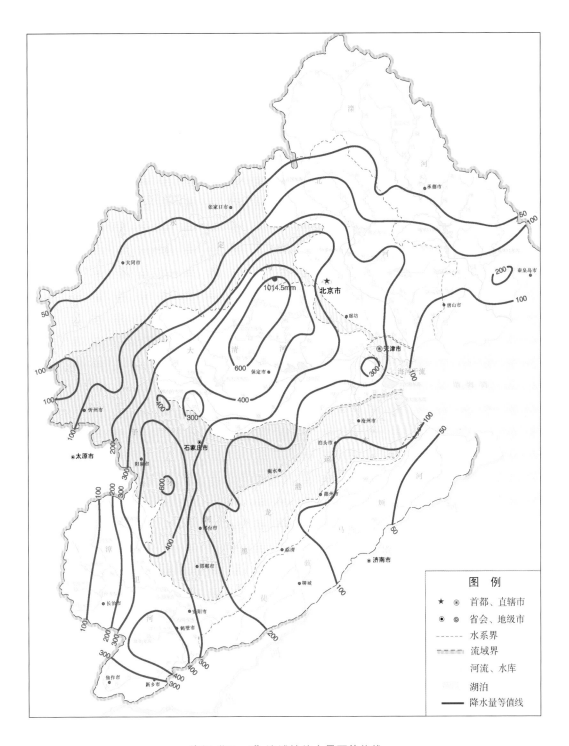

海河"23·7"流域性特大暴雨等值线

二是2个台风和副热带高压的共同影响形成了较丰沛的水汽条件。台风"杜苏芮"本身携带了大量的水汽，残余的低压系统和强大的副热带高压相配合，形成较强的气压梯度，引导东风、东南风显著增强，水汽一路畅通无阻向北输送。此外，位于西太平洋上的台风"卡努"也起到重要作用，较强东南风也将台风"卡努"附近的水汽源源不断地远距离输送到华北平原。两条水汽通道为暴雨的形成带来了不同寻常的水汽条件。

三是地形作用有利于降水增强。流域西边太行山脉与携带水汽的东风和东南风正向相交，其北边燕山山脉也与水汽通道存在交角，水汽受地形的阻挡抬升，在山前形成极端强降水。

二、暴雨特点

海河"23·7"暴雨过程具有持续时间长、时空集中、范围广、总量大、强度大的特点，具体如下。

一是持续时间长、时空集中。降水过程自南向北移动，历时5d（2023年7月28日8时至8月2日8时），其中强降水集中在7月29日20时至7月31日22时，历时50h，暴雨中心主要在大清河系中上游拒马河以上区间、子牙河系上游滹沱河滏阳河区间以及永定河系官厅山峡区间。

二是降水范围广、总量大。全流域累计面平均降水量大于100mm、200mm、300mm笼罩面积分别为16.33万km²、8.05万km²、3.62万km²，分别占全流域面积的51.4%、25.3%、11.4%。全流域累计降水总量达494亿m³，超过"16·7"（382亿m³）、"96·8"（289亿m³）、"21·7"（240亿m³）、"12·7"（156亿m³），小于"63·8"（600亿m³）。

三是降水强度大。全流域累计降水量大于100mm的站点3399个、大于300mm的站点1220个，1h降水量大于50mm的有195站次。最大1h雨量为永定河系清水河燕家台站（北京门头沟）142.5mm，超过"21·7"（129.5mm）、"96·8"（99mm）和"12·7"（87mm）雨量，小于"16·7"（177mm）雨量。累计最大点雨量为永定河系清水河清水站（北京门头沟）1014.5mm；最大72h雨量为清水站987.5mm，是历史最大值（1999年7月10—12日，218.6mm）的4.5倍；最大24h雨量为清水站620.5mm，是历史最大值（1999年7月12日，189.7mm）的3.3倍。

三、暴雨历时分析

本次暴雨过程自2023年7月28日8时开始，至8月2日8时结束，历时5d，漳卫河、子牙河主要集中在7月28—30日，大清河、永定河、北三河主要集中在7月

30 日至 8 月 1 日。主要时空分布过程如下：

7 月 28 日，流域南部普降大到暴雨，局部降大暴雨，暴雨中心主要位于漳卫河中游淇河—卫河区间。流域面平均降水量 11mm，降水量较大河系为漳卫河系 32mm、徒骇马颊河系 27mm、子牙河系 16mm。

7 月 29 日，雨势逐渐增强并向西南部移动，流域西南部普降大到暴雨，局部降特大暴雨，暴雨中心主要位于子牙河上游滹沱河滏阳河区间。流域面平均降水量 39mm，降水量较大河系为漳卫河系 83mm、子牙河系 71mm、大清河系 49mm。

7 月 30 日，雨势进一步增强并向中东部扩大延伸，流域中部、南部普降大到暴雨，局部降特大暴雨，暴雨中心主要位于大清河系中上游拒马河以上区间。流域面平均降水量 65mm，降水量较大河系为大清河系 171mm、子牙河系 83mm、永定河系 50mm、北三河系 38mm。

7 月 31 日，雨势稍有减弱并继续向东北方向移动，流域中、北部普降大到暴雨，局部降特大暴雨，暴雨中心主要位于北三河中游、永定河官厅山峡区间。流域面平均降水量 32mm，降水量较大河系为大清河系 64mm、北三河系 62mm、永定河系 32mm。

8 月 1 日，雨势继续减弱并向流域东部移动。至 8 月 2 日 8 时，海河"23·7"暴雨基本结束。流域中、东部普降中到大雨，局地降暴雨到大暴雨，暴雨中心主要位于大清河北支中下游。流域面平均降水量 8mm，降水量较大河系为大清河系 19mm、北三河系 15mm。

海河"23·7"流域性特大暴雨逐日面平均降水量统计　　　单位：mm

河系	逐日面平均降水量					累计面平均降水量
	7 月 28 日	7 月 29 日	7 月 30 日	7 月 31 日	8 月 1 日	
滦河	2	5	14	10	7	38
北三河	3	21	38	62	15	139
永定河	1	6	50	32	4	93
大清河	2	49	171	64	19	305
子牙河	16	71	83	12	4	186
漳卫河	32	83	38	22	7	182
徒骇马颊河	27	33	18	3	1	82
全流域	11	39	65	32	8	155.3

四、历史暴雨比较

(一) 暴雨总量及历时

海河"23·7"暴雨历时持续 5d，较"96·8"暴雨(4d)、"12·7"暴雨(1d)、"16·7"暴雨(3d) 历时长，较"63·8"暴雨（7d）、"21·7"暴雨（6d）历时短。海河"23·7"暴雨最大 1d 降水总量为 195.2 亿 m^3，最大 3d 降水总量为 412.8 亿 m^3，均超过"63·8"最大 1d 及 3d 降水总量。

海河"23·7"暴雨与历史暴雨降水总量比较　　　　单位：亿 m^3

暴雨天数	降 水 总 量					
	"23·7"	"21·7"	"16·7"	"12·7"	"96·8"	"63·8"
1d	195.2	96	202.74	156.28	—	122.1
3d	412.8	156.8	381.63	—	289.41	322.5
7d	494 (5d)	240 (6d)	—	—	—	600

(二) 暴雨笼罩面积

从海河"23·7"暴雨等值线图分析，超过一半以上的流域面积降水量均超过 100mm。太行山、燕山山前地区局部降水量超过 200mm，笼罩面积为 80518km²。100mm、200mm 降水笼罩面积均超过"96·8""12·7"和"21·7"暴雨。大清河系中上游、子牙河系上游、漳卫河系中部及官厅山峡地区局地降水量超过 300mm，笼罩面积为 36231km²，超过"21·7""16·7""12·7"及"96·8"暴雨。

海河"23·7"暴雨与历史暴雨笼罩面积比较　　　　单位：km²

降水量 /mm	笼 罩 面 积					
	"23·7"	"21·7"	"16·7"	"12·7"	"96·8"	"63·8"
100	163272	72680	168176	49032	80000	153000
200	80518	31640	43848	11505	15000	102805
300	36231	17493	9466	878	8400	75450

(三) 暴雨移动路径

综合历史特大暴雨中心移动路径对比分析，海河"23·7"暴雨中心在太行山及燕山山前地区，均比"63·8"和"96·8"暴雨中心偏西，集中于流域上游主要产流区，造成海河"23·7"流域性特大洪水（以下简称"海河'23·7'洪水"）上涨快、来势猛。

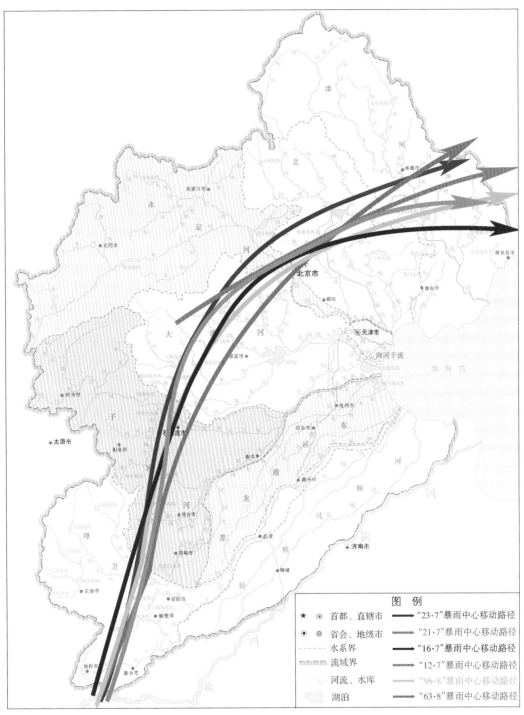

历史暴雨中心移动路径

（四）暴雨强度

统计海河"23·7"暴雨各时段短历时暴雨，结果如下：最大 1h 降水量为永定河系清水河燕家台站（北京门头沟）142.5mm，仅次于"16·7"降水量；最大 3h 降水量为漳卫河系思德河夺丰站（河南淇县）227.5mm，超过"63·8"降水量；最大 6h 降水量为大清河系刺猬河南辛房站（北京门头沟）261.1mm；最大 24h 降水量为永定河系清水河清水站（北京门头沟）620.5mm，小于"63·8""16·7"降水量。对比历史特大暴雨短历时暴雨强度（最大 1h、3h、6h、24h）分析可见，海河"23·7"洪水降水强度大，是造成洪水涨势快、洪峰流量大的重要因素之一。

海河流域短历时降水强度比较

历次大暴雨	最大时段降水量/mm			
	1h	3h	6h	24h
"23·7"	142.5	227.5	261.1	620.5
"21·7"	129.5	304.0	351.5	614.5
"16·7"	177.0	264.0	363.0	655.0
"12·7"	87.0	168.0	275.0	379.0
"96·8"	99.0	246.0	336.0	589.0
"63·8"	—	218.0	426.0	950.0

第二节　洪水特点

一、洪水特点

海河"23·7"洪水过程具有多河系并发、洪水涨势猛、洪峰高、量级大等特点。

一是洪水多河系并发。受持续强降水影响，子牙河、永定河和大清河相继发生 2023 年第 1 次编号洪水，其中"子牙河 2023 年 1 号洪水"是全国大江大河 2023 年首次发生的编号洪水。海河"23·7"洪水过程中有 5 个河系 22 条河流发生超警以上洪水，其中永定河系永定河、清水河、妫水河；大清河系白沟河、大石河、沙河、通天河，子牙河系清水河共计 8 条河流发生有实测资料以来最大洪水。永定河、大清河发生特大洪水；子牙河发生大洪水；北三河和漳卫河发生较大洪水。

二是洪水涨势猛，产汇流快。海河"23·7"洪水过程中，永定河卢沟桥枢纽过闸流量自 7 月 31 日 13 时的 1030m³/s 涨至 14 时 30 分的最大流量 4650m³/s，1.5h 内流量涨幅高达 3620m³/s；大清河系大石河的漫水河水文站流量自 7 月 31 日 9 时 1650m³/s 涨至 11 时 20 分洪峰流量 5300m³/s，2h 左右流量涨幅高达 3650m³/s，漫水河以上区间雨峰洪峰间隔仅 2h20min。

三是洪水量级大、峰值高。永定河卢沟桥枢纽过闸最大流量 4650m³/s，为 1924 年以来最大值；永定河固安水文站洪峰流量 2370 m³/s，为有实测资料以来最大值。大清河北支张坊站洪峰流量 7330m³/s，仅次于"63·8"洪峰流量 9920m³/s；白沟河东茨村站洪峰流量 2790m³/s，与"63·8"洪峰流量相当；大石河漫水河水文站洪峰流量 5300m³/s，为有实测资料以来最大值。子牙河系沙河朱庄水库入库洪峰流量 7900m³/s，超过 100 年一遇。

二、洪水总量

海河"23·7"洪水总量 102.33 亿 m³。从各河系洪水组成来看，大清河、子牙河两河系洪量占洪水总量 67.61%。

海河"23·7"洪水各河系洪水总量组成

河　系	洪量/亿 m³	洪量占比/%
滦河	3.58	3.50
北三河	8.17	7.98
永定河	5.36	5.24
大清河	42.01	41.05
子牙河	27.18	26.56
漳卫河	12.82	12.53
徒骇马颊河	3.21	3.14
全流域	102.33	100

三、洪水定性

依据《全国流域性洪水划分规定（试行）》，海河流域性洪水主要依据北三河、永定河、大清河、子牙河、漳卫河等 5 个河系洪水组合进行判定。当有 3 个河系同期发生较大洪水，其中 2 个河系发生特大洪水时，即可判定为流域性特大洪水。各河系采用代表站分别如下。

永定河：代表站为官厅水库、三家店（卢沟桥）。

大清河：代表站为北支新盖房、南支白洋淀十方院。

子牙河：代表站为滹沱河黄壁庄水库、滏阳河艾辛庄。

北三河：代表站为潮白河密云水库、北运河北关枢纽、蓟运河于桥水库。

漳卫河：代表站为漳河岳城水库、卫河元村。

在对海河"23·7"洪水各河系代表站洪水分析计算的基础上，确定各河系洪水重现期。

子牙河系滹沱河黄壁庄水库（还原洪峰流量）洪水重现期超 20 年，滏阳河艾辛庄（还原洪水总量）重现期超 5 年，据此判定子牙河系洪水重现期超 20 年，确定为发生大洪水。

大清河系北支新盖房站（还原洪水总量）重现期超 50 年，南支白洋淀（十方院）（还原洪水总量）重现期超 10 年，据此判定大清河系重现期超 50 年，确定为发生特大洪水。

永定河系卢沟桥（实测洪峰流量）重现期超过 50 年，官厅水库（还原洪峰流量）重现期不足 5 年，据此判定永定河系洪水重现期超 50 年，确定为发生特大洪水。

北三河系潮白河密云水库（实测洪峰流量）洪水重现期超 5 年，北运河北关枢纽（实测洪峰流量）重现期超 10 年，蓟运河于桥水库来水较小，重现期不足 5 年，据此判定北三河系洪水重现期超 5 年，确定为发生较大洪水。

漳卫河系漳河岳城水库（实测洪峰流量）重现期不足 3 年，卫河元村（还原洪水总量）重现期超 5 年，据此判定漳卫河系重现期超 5 年，确定为发生较大洪水。

海河流域有子牙河、大清河、永定河等 3 个河系同期发生较大及以上洪水，其中大清河和永定河 2 个河系发生特大洪水，判定本次洪水为流域性特大洪水。

第三章

海河"23·7"特大洪水防御

面对严重的洪涝灾害，在党中央、国务院的坚强领导下，流域各级水利部门坚持人民至上、生命至上，牢固树立底线思维、极限思维，上下一心、党群一心、前后方一心，全力投入到这场波澜壮阔、气壮山河的抗洪抢险斗争中。

国家防汛抗旱总指挥部（以下简称"国家防总"）、水利部等有关部门加强统筹协调，强化会商研判，做好监测预报预警和水工程联合调度，精准指导流域各地做好灾害防范工作，全力抢险救灾。

流域内各级党委政府以最快的速度行动起来，精心组织，重点部署，广泛动员各方面力量投入抗洪救灾工作。解放军、武警部队官兵、民兵预备役人员、社会救援团体、沿河两岸群众积极投入到抗洪战斗一线，谱写了一曲万众一心、众志成城、团结抗洪的壮丽凯歌。

"沧海横流，方显出，英雄本色。"这场惊心动魄、波澜壮阔的防汛抗洪斗争，不仅彰显了强大的中国力量，也集中展现了水利干部职工践行"两个维护"的政治自觉，不畏艰难、勇于担当的拼搏精神和励精笃行的扎实作风。

—— 第一节 扎实备汛 ——

2023年是全面贯彻党的二十大精神的开局之年，做好防灾减灾工作尤为重要。国家防总、水利部和海河防汛抗旱总指挥部（以下简称"海河防总"）、水利部海河水利委员会（以下简称"海委"）以及各级地方防汛抗旱指挥部、水利部门认真贯彻落实习近平总书记治水重要论述精神，坚持人民至上、生命至上，树牢底线思维、极限思维，立足于防大汛、抗大灾，锚定"人员不伤亡、水库不垮坝、重要堤防不决口、重要基础设施不受冲击"目标，把责任落实到环环相扣的防汛链条中，主动防范化解重大风险隐患，扎实做好各项水旱灾害防御准备工作，全力确保人民群众生命财产安全。

一、安排部署

（一）水利部

2023年1月16日，水利部召开2023年全国水利工作会议，于2月21日、3月15日、4月17日、5月19日先后召开水旱灾害防御工作会议、水文工作会议、水库安全度汛会议、山洪灾害防御工作视频会议，全面部署重点工作，要求全国水利系统坚持未雨绸缪、关口前移，下好先手棋，打好主动仗。3月24日，入汛后即全面进入防汛值班状态，启动汛期工作机制。4月21日，全国防汛抗旱电视电话会议后，迅即传达落实，向全国水利系统发出通知，就做好水旱灾害防御工作进行再部署、再落实。

2023年全国水旱灾害防御工作视频会议在北京召开

（二）海河防总、海委

海河防总、海委先后组织召开2023年海河防总工作会议、海河流域汛前准备动员部署会议、海委水旱灾害防御工作会议等专题会议，学习贯彻国家防总及水利部专题工作会议精神、相关部署要求等，深入分析研判2023年防汛形势和工作任务，研究部署海河流域水旱灾害防御工作，要求进一步提高思想认识，层层压紧压实防汛责任，抓紧修订完善各类方案预案，摸清流域防洪工程实际情况，加强蓄滞洪区管理，全面排查各类风险隐患和薄弱环节，从严从实从细做好汛前准备工作，切实掌握防汛备汛主动权，全面提升水安全保障能力。

2月23日，海委召开汛前准备动员部署会议，抓早抓细抓实2023年防汛备汛各项工作。

4月26日，海河防总召开2023年工作会议，安排部署海河流域防汛抗旱重点工作，强调要把防汛抗旱作为重大政治任务来抓，牢固树立流域"一盘棋"观念，全力以赴迎汛备汛，守住流域防汛安全底线。

2023年海河防总工作会议在天津召开

5月29日，海委召开2023年水旱灾害防御工作会议，安排部署水旱灾害防御重点工作。要求各部门、单位锚定"四不"目标，持续开展隐患排查，加强"四预"措施，加强蓄滞洪区管理，把做好水旱灾害防御工作作为重大政治任务抓紧抓好。

2023年海委水旱灾害防御工作会议在天津召开

（三）流域各省（自治区、直辖市）

流域内北京、天津、河北、山西、河南、山东、内蒙古、辽宁等 8 个省（自治区、直辖市）根据政府换届情况动态调整防汛抗旱指挥机构成员，及时召开防汛抗旱工作电视电话会议等专项会议，对 2023 年防汛抗旱工作进行动员部署。各省（自治区、直辖市）水利部门制定水旱灾害防御工作要点，对防汛责任制落实、风险隐患排查、方案预案修订、监测预报预警、水工程调度、防汛值班值守等提出具体要求，为防御洪水、保障防洪安全、确保人民群众生命财产安全奠定了坚实基础。

二、压实防汛责任

（一）水利部

2023 年 3 月，水利部印发《2023 年水旱灾害防御工作要点》，明确了 2023 年水旱灾害防御工作总体思路，要求充分做好汛前准备，有力有序有效应对水旱灾害，加快补齐水旱灾害防御短板，持续强化水旱灾害防御基础保障，全面提升水旱灾害防御宣传教育水平，不断强化水旱灾害防御体制机制法治管理，主动防范化解风险，筑牢防御水旱灾害防线。

水利部就做好水文测报汛前准备、水库安全度汛、堤防水闸安全度汛、山洪灾害防御分别印发《关于切实做好 2023 年水文测报汛前准备工作的通知》《关于切实做好 2023 年度水库安全度汛工作的通知》《关于做好 2023 年度堤防水闸安全度汛工作的通知》《关于做好山洪灾害防御准备工作的通知》等系列文件，要求落实责任制，切实加强工程安全管理，扎实开展山洪风险隐患排查整治，修订完善灾害防御预案，确保安全。

（二）海河防总、海委

根据海河防总有关规定和人员调整实际情况，2023 年 4 月 17 日，海河防总印发《海河防总关于调整海河防汛抗旱总指挥部组成人员的通知》，河北省委副书记、省长王正谱任海河防总总指挥，海委主任乔建华任海河防总常务副总指挥，北京、天津、河北、山西、河南、山东等 6 个省（直辖市）副省长（市长）任海河防总副总指挥，海委副主任韩瑞光任海河防总秘书长，北京、天津、河北、山西、河南、山东等 6 个省（直辖市）水利（水务）厅（局）厅长（局长）及海河流域气象业务服务协调委员会主任、天津市气象局局长为成员。海河防总办公室设在海委，韩瑞光兼任办公室主任。

海河防总、海委分别向流域各地及委属各局印发《海河防总关于坚决贯彻习近平总书记重要指示精神全面做好防汛抗旱各项工作的通知》《海委关于切实做好 2023 年防汛备汛工作的通知》等文件，明确水库、水闸、河道及堤防、蓄滞洪区等责任人，压实预报、调度、抢险各环节责任，抓早、抓细、抓实、抓好各项防御措施。

为强化流域机构所属工程管理单位与属地的协调联动，3 月 30 日，海河防总办公室组织召开漳卫河系防汛协调联动工作机制座谈会，制定了《漳卫河系防汛协调联动工作机制》，为漳卫河系安全度汛提供坚实的制度保障。

5 月 22 日，海委印发《海委关于调整海委水旱灾害防御领导小组的通知》，对海委水旱灾害防御领导小组组成人员进行调整，并明确了各职能组及工作组的职责。

5 月 25 日，海河防总根据《中华人民共和国防洪法》等法律法规，印发《海河防总关于海河流域国家蓄滞洪区行政责任人的通报》，将海河流域 28 处国家蓄滞洪区行政责任人名单予以通报，要求各省级防汛抗旱指挥部督促相关行政责任人切实履行职责，强化蓄滞洪区管理。

（三）流域各有关省（直辖市）

流域各有关省（直辖市）严格落实以行政首长负责制为核心的防汛抗旱责任制，持续健全完善防汛抗旱组织机构，将责任落实到防汛抗旱全过程、各层级。

1. 北京市

北京市调整优化市、区防汛指挥部和水务防汛专项分指挥部，全面落实防洪排涝各级防御责任，逐一落实水库、闸坝、堤防等 9 类重点部位责任制，明确 81 座水库行政、技术、巡查"三个责任人""三个重点环节"；印发《2023 年防洪排涝工作要点》，细化分解 4 大类 17 项工作任务。

2. 天津市

天津市组织召开市防汛抗旱指挥部工作会议、水务系统防汛动员部署会、市水务局防汛抗旱指挥部专题工作会等会议，制定印发水旱灾害防御工作要点，确定 35 项重点任务清单，明确任务要求和完成时限。健全完善市、区、乡镇三级防汛责任制，落实防汛重点部位人员密集场所"行政、管理、技术"三类责任人 2800 余名，健全蓄滞洪区中的区、镇、村"三级"和行政、预警、转移、巡查防守"四类"责任。

3. 河北省

河北省建立省级防汛抗旱工作联席会议制度，构建党政负责人、部门负责人、技术负责人"三位一体"的责任体系；组织落实水库、河道及堤防、蓄滞洪区、山洪灾害防御、南水北调工程沿线等各级各类防汛责任人 8.2 万名，分级开展培训，提升履职能力。

4. 山西省

山西省在省内主流媒体公示全省 611 座水库、2014 座大中型淤地坝、5 条省管重点河道 139 处堤段防汛"三个责任人"，主动接受群众和社会监督；针对 5388 个山洪灾害危险区，落实各级防汛责任人 6081 名、预警员 5366 名；组织对省、市、县三级 2100 名防汛责任人进行专业培训，提高其履职尽责能力。

5. 河南省

河南省督促指导各市、县全面落实水库、河道、蓄滞洪区、山洪灾害、淤地坝、南水北调、大型水闸、橡胶坝、小型水电站等防汛责任制，更新明确并向社会公示各类防汛责任人11.8万人，特别是对易出险的病险工程、主要河道险工险段、南水北调防汛风险点等逐一明确责任人，建立责任清单，做到责任一律到人、人员一律上册。

6. 山东省

山东省明确由4位省领导担任省级防汛行政责任人，落实防汛抗旱防台风行政责任人和重要河湖、重点工程防汛责任人近400人，其中海河流域140余人，落实水库、河道、闸坝、蓄滞洪区等各类责任人2.8万人，并逐一落实重要领域、重点行业防汛责任人。召开全省水旱灾害防御工作会议，先后印发20个专项通知，建立防御重点任务台账，持续巩固责任体系。

三、开展汛前检查

国家防总、水利部和海河防总、海委及流域各有关省（直辖市）坚持目标导向、问题导向、结果导向，统筹发展和安全，深入开展汛前检查，全面细致排查风险隐患，及时督促有关部门、单位落实责任，确保工程安全度汛。

(一) 水利部

2023年2月18—21日，水利部部长李国英赴山西、河北、北京、天津等省（直辖市）调研永定河流域治理管理工作。李国英强调，要加快推进永定河流域防洪工程体系建设，统筹上下游、左右岸、干支流，科学确定防洪标准，加强以水库、河道及堤防、蓄滞洪区为主要组成的流域防洪工程体系建设，强化预报、预警、预演、预案措施，加快完善雨水情监测"三道防线"，确保永定河流域防洪安全。要深化流域协同治理管理机制创新，构建流域统筹、区域协同、部门联动的治理管理新格局。

水利部部长李国英在屈家店枢纽调研

4月19日，水利部部长李国英赴海委直管卫运河堤防就獾等害堤动物防治工作开展调研。李国英深入卫运河故城段堤防，现场查勘獾等害堤动物巢穴及活动通道，详细了解防治工作体系、基础研究和技术装备研发情况，并召开座谈会听取相关单位代表的意见和建议。2023年汛前，海委开展害堤动物应急整治工作，共清理整治獾洞63处，消除了工程害堤动物安全隐患。

水利部部长李国英查勘獾洞现场处置情况

6月6日，中央纪委国家监委驻水利部纪检监察组组长王新哲检查雄安新区防汛备汛工作，要求进一步压实防汛责任，扎实做好雄安新区备汛工作。

中央纪委国家监委驻水利部纪检监察组组长王新哲检查雄安新区防汛备汛工作

4月22—25日，水利部副部长刘伟平率国家防总、水利部检查组检查海河流域防汛抗旱工作，并与北京、天津、河北、山东、河南等5个省（直辖市）政府有关负责同志交换意见。6月17—21日，刘伟平赴滦河开展防汛检查，现场检查了双峰寺水库、潘家口水库、大黑汀水库、桃林口水库、滦河防洪大堤及小埝、滦河口等。

水利部副部长刘伟平检查岳城水库

（二）海河防总、海委

自 2023 年 3 月中旬开始，海河防总、海委有序推进流域各河系防汛重点工程防汛备汛现场检查、督查，重点督促各地落实以行政首长负责制为核心的防汛抗旱责任制。

海委主任乔建华、副主任韩瑞光先后率组检查流域各河系防汛备汛工作。3 月23—24 日，检查卫河干流治理工程、岳城水库、引黄穿卫枢纽、四女寺水利枢纽等漳卫河工程现场；4 月 7—8 日，检查子牙河黄壁庄水库、滹沱河生态修复工程、雄安新区新盖房枢纽、白沟河右堤、新安北堤、枣林庄枢纽等工程现场；5 月 16—17日，检查永定河卢沟桥枢纽、大宁水库、小清河分洪区，大清河兰沟洼蓄滞洪区等重要防洪工程；5 月 26—27 日，检查潘家口水库、大黑汀水库、桃林口水库、滦河大堤等滦河防洪工程；6 月 12 日，检查北京大兴国际机场防汛备汛工作；7 月 5—7 日，检查南水北调中线工程防汛工作。

海委督导检查大兴国际机场防汛备汛工作

海委组织京津冀水利部门开展北三河防汛检查

海委先后派出多个工作组，会同京津冀晋等4个省（直辖市）水旱灾害防御部门对永定河、大清河、北三河等重点河系重要防洪工程联合开展防汛查勘调研，全面了解防洪工程体系情况，查深摸透度汛安全隐患。

海委及早谋划委直属工程汛前检查工作，海委主任乔建华汛前先后率组调研指导委属漳卫南运河管理局、引滦工程管理局、海河下游管理局、漳河上游管理局防汛备汛和重要防洪工程运行管理工作。海委组织制定汛前检查工作方案并编制工程管理单位、水库、堤防（河道）、涵闸汛前检查工作内容清单，着力提升检查工作质效。并组织开展"回头看"专项检查行动，确保度汛安全隐患全面消除。

海委检查引滦工程管理局防汛工作

（三）流域各有关省（直辖市）

流域各有关省（直辖市）高度重视汛前检查工作，及时印发工作通知及方案，通过属地（行业）自查、主管部门核查、上级水行政主管部门督促等方式，重点检查了河道及堤防、涵闸、水库大坝、溢洪道、放空设施、水文测报等关键部位或关键设施安全隐患，并对发现的问题进行全面梳理，制定整改台账，逐条督促限时整改，消除风险隐患。

1. 北京市

北京市全面开展水库、堤防、山洪沟、积水点等全市水利工程设施隐患排查，对103个重点点位进行现场检查，持续推动全市31处河道行洪障碍物清理整治，建立隐患台账，明确整改责任，汛前确实无法完成的严格落实应急预案和度汛措施。持续开展责任制、预案、物资、队伍、措施落实等工作督查检查，确保防御基础工作落到实处，组织两轮全市水库、水闸、堤防及在建水利工程防洪备汛工作检查，实现全市80座水库、86座大中型水闸、58处堤防险工段检查全覆盖。

北京市水务局工作人员检查十三陵水库启闭机房

2. 天津市

天津市各级水利工程管理单位汛前开展河道及堤防、闸涵泵站、城区排水、山洪预警和通信设施等工程自查和维修养护，将排查出的7类84项问题纳入台账管理，汛前全部完成整改。水务局领导带队分组深入16个区4个河系，对河系防洪、市区排水、山洪防御、沿海防潮等准备工作进行全面督导检查。2023年7月上旬，再次分组带队深入各区、各水利工程管理单位，对习近平总书记重要指示精神贯彻落实以及责任落实、防汛排水、山洪灾害防御、堤防抢险等重点环节进行再督导、再检查、再落实。全面开展穿堤跨堤建筑物的防洪风险专项排查，确保问题早发现、早解决。针对一级行洪河道7处险工险段，逐一落实抢险队伍、物资、措施。

天津市水务局工作人员检查大清河堤防

3. 河北省

河北省组织各地以水库、河道、蓄滞洪区等为重点开展隐患大排查；在组织市、县全面排查整改 711 个防汛问题隐患的基础上，采取"四不两直"方式，对水工程和防汛薄弱环节开展了两轮次暗查暗访，发现问题 99 个并通过"一地一单"全部督促各地立行立改。2023 年 6 月，重点对预案修订、责任人履职、值班值守等非工程措施进行暗访检查，7 月 20 日，在全省防汛工作会议上进行通报。

河北省岗南水库开展分段包干巡查

4. 山西省

山西省采取"四不两直"现场检查和远程视频方式，检查全省水库淤地坝管理情况、山洪灾害监测预警、河道防洪安全、在建水利工程度汛安全和防洪工程设施水毁修复情况等，发现防汛问题隐患共计 218 处，全部限期整改落实。

山西省水利厅检查水库防汛备汛情况

5. 河南省

河南省汛前派出由 10 名厅级领导分别带队的工作组，对全省水库、河道、水闸、蓄滞洪区、南水北调中线工程、在建工程、淤地坝、山洪灾害等关键部位开展防汛检查，共发现了 107 项防汛问题隐患，并通过"一市一单"的形式移交给对应省辖市，同时跟踪督导整改落实情况。"五一"节日期间，组织 7 个暗访组就备汛措施落实情况进行暗访检查，形成暗访报告，针对存在问题强力督导落实。

河南省水利厅汛前检查堤防工程

6. 山东省

山东省先后组织开展专项汛前检查、两轮水旱灾害防御暗访检查等各类隐患排查行动，累计发现问题 5473 处，主汛前全部整改完成，并落实安全度汛措施，为安全度汛奠定基础。

山东省水利厅检查防汛物资储备情况

四、完善方案预案

海委及流域各有关省（直辖市）立足已有防御洪水方案、洪水调度方案，围绕各河系防洪工程联合调度、超标准洪水防御、重要区域及重点城市防洪安全保障、工程安全度汛等重点工作，结合前期流域防汛查漏补缺专项工作成果，及早组织梳理、修订各类方案预案。

（一）海委

海委汛前全面修订 2023 年大清河超标洪水防御预案、2023 年永定河超标洪水防御预案、2023 年北三河超标洪水防御预案、2023 年滦河超标洪水防御预案、2023 年漳卫河超标洪水防御预案、2023 年子牙河超标洪水防御预案，结合超标洪水预案修编，对各河系洪水调度重点、难点及背景进行再研究，编制《2023 年海河流域各河系洪水防御安排及调度措施》。为全力保障流域内重要地区、基础设施度汛安全，编制了多个专项度汛方案，对防汛措施细化实化；出台《海河流域水工程防汛抗旱统一调度规定》，进一步明确调度目标、原则、范围、权限、程序和信息共享等内容，健全流域统筹、分级负责、协调各方的调度体制机制。

同时，海委组织流域有关地方持续开展水库度汛技术指标汇总、河道行洪能力复核及蓄滞洪区运用预案审核汇总。

（二）流域各有关省（直辖市）

1. 北京市

北京市完善 164 条主要河流洪水预报方案，更新 137 条重点山洪沟水文与水动力学模型，实现市域内洪水、山洪、积水内涝预报全覆盖，升级水旱灾害防御平台，提升基于北京模型的模拟预演能力，修编完善防洪排涝应急预案、流域洪水防御方案、山洪灾害防御预案、积水内涝防御预案、旱灾防御预案 5 大类预案方案。

2. 天津市

天津市组织修订水情测报、物资保障、水库运用等 10 类 48 个预案，梳理完善洪水防御"作战图"，调整强化预警发布管理，修订《设计天津市中小洪水调度方案》，组织各区编制蓄滞洪区运用预案，修订完善《各河系防洪抢险技术保障方案》，编制中心城区 20 处易积水地区和 14 个易积水地道"一处一预案"，落实应急排水措施。

3. 河北省

河北省修订印发大中型水库、主要河道洪水调度方案，完善山洪灾害防御、蓄滞洪区运用和工程抢险等预案，组织修编《2023 年雄安新区起步区安全度汛方案》。

4. 山西省

山西省组织编制桑干河、滹沱河洪水防御方案和山西省抗旱预案，指导市、县水利部门完成水库汛期调度运用计划审查和备案相关工作，组织对县、乡、村山洪灾害防御预案进行修订完善。

5. 河南省

河南省修订完成海河流域防洪预案、13 处蓄滞洪区运用预案，编制印发《河南省大型及重点中型水库 2023 年汛期调度运用计划》《河南省主要河道 2023 年防洪任务》，修编《河南省水利厅水旱灾害防御应急预案》，组织对全省 43 座大型及重点中型水库汛限水位进行复核。

6. 山东省

山东省组织开展全省河道现状行洪能力复核，组织修订 28 个重点河湖防御洪水方案和恩县洼滞洪区运用预案，以省政府名义印发漳卫南运河、徒骇河、马颊河等 10 个跨市重点河道防洪预案至相关市、县及省防指有关成员单位，增强预案执行力，指导市、县两级修编各类预案方案 9680 个。

五、开展防洪演练

为有效应对可能发生的"黑天鹅""灰犀牛"事件，牢牢守住水旱灾害防御底线，海委及流域相关省（直辖市）均开展了防洪演练。

（一）海委组织开展漳卫河洪水防御联合演练

2023 年 5 月 9 日，为积极防范应对漳卫河可能发生的大洪水，海委组织河北、山西、河南、山东等省水利厅及海委漳卫南运河管理局开展了漳卫河洪水防御联合演练，模拟漳河发生超 50 年一遇、卫河超 30 年一遇量级洪水，海委组织各地积极防御。

海委组织开展漳卫河防洪演练

基于数字孪生的漳卫河防洪"四预"系统

通过演练有效地检验了漳卫河洪水调度方案，完善了防洪指挥体系，强化了流域协调联动能力，提升了水旱灾害防御能力。

（二）北京市水务局组织开展防洪排涝综合演练

2023 年 5 月 29 日，北京市水务局组织开展了 2023 年防洪排涝综合演练。演练以发生1963年8月海河流域特大暴雨过程为背景展开模拟，进一步提升各级防御人员的履职能力，为应对汛期暴雨洪水奠定扎实的工作基础。

北京市召开防洪排涝综合演练

北京市演练堤防险情抢护

（三）天津市组织开展新港船闸应急泄洪和中心城区防汛应急抢险演练

2023年5月30日，天津市防汛抗旱指挥部组织开展"2023·守卫津城"新港船闸应急泄洪防汛演练。同日，天津市防汛抗旱指挥部市区分部组织开展中心城区防汛应急抢险演练。通过演练磨合机制、完善措施、锻炼队伍，提高中心城区防汛应急救援处置能力，强化防汛抢险职能，检验防汛抢险物资、设备、人员队伍实战能力，确保平稳度汛。

天津市组织中心城区进行防汛应急抢险演练

天津市组织演练搭筑子堤

（四）河北省组织开展防汛抗旱防台风应急预案桌面推演

2023 年 6 月 27 日，河北省防汛抗旱指挥部组织开展河北省防汛抗旱防台风应急预案桌面推演。涉及汛情分析研判、山区群众转移避险、城区内涝抢险、山洪抢险救援、蓄滞洪区群众转移、水库调度、堤防抢险、积水抽排、溃口封堵、分洪口门爆破 10 个科目，提高了各部门之间协同作战能力，强化了应急救援联动机制，提升了应急处置能力。

河北省组织开展防汛抗旱防台风应急预案桌面推演

六、蓄滞洪区管理

蓄滞洪区是海河流域防洪体系的重要组成部分。为确保蓄滞洪区关键时刻能够及时安全有效运用，海委及流域各地按照水利部相关要求，积极开展"三逐一、一完善"工作，即逐一建档立卡、逐一明确建设管理目标任务、逐一开展安全运用分析评价，完善国家蓄滞洪区数字一张图，加强非防洪建设项目管理，科学制定蓄滞洪区建设管理规划，大力推进蓄滞洪区建设，健全蓄滞洪区工程运行管理体制机制，持续强化流域内蓄滞洪区建设和管理。

（一）水利部

2023年1月，在全国水利工作会议上，水利部部长李国英提出按照"分得进、蓄得住、排得出"的要求，对国家蓄滞洪区开展"三逐一、一完善"工作。

3月，水利部印发《关于做好2023年蓄滞洪区运用准备工作的通知》，部署全面排查隐患、完善运用预案、细化转移措施、强化责任落实等各方面工作。

4月，水利部印发《关于开展国家蓄滞洪区工程运维管理试点工作的通知》，在海河流域选取恩县洼滞洪区作为试点，探索运行维护模式。

（二）海河防总、海委

1. 督促落实责任

2023年3月，海委印发《关于加强蓄滞洪区建设与管理有关工作的通知》，督促有关各地逐级压实责任，保障蓄滞洪区有效运用。5月，海河防总向各有关省（直辖市）防汛抗旱指挥部印发《关于海河流域国家蓄滞洪区行政责任人的通报》，通报流域内28处国家蓄滞洪区行政责任人名单。

2. 运用预案汇总审核

5月，按照国家防总、水利部相关部署，海委汇总了流域内 28 处国家蓄滞洪区的运用预案和居民财产登记，并逐一审核运用预案的规范性、针对性、合理性及可操作性等。6月，组织审查并印发《东张务湿地蓄滞洪区调度运用方案》，完善永定河泛区调度运用相关工作。

3. 强化监督检查

5月 31 日至 6月 1日，海委组织北京、河北相关单位，开展蓄滞洪区内重点非防洪建设项目监督检查，并要求相关水行政主管部门加强风险隐患排查，督促项目建设单位落实度汛措施。

4. 积极推进蓄滞洪区建设

海委以流域为单元，积极推进蓄滞洪区工程建设与安全建设，完善进退洪设施、安全区等建设。截至 2023 年年底，天津市永定河泛区工程与安全建设、大黄堡洼工程与安全建设工程、山东省恩县洼滞洪区建设工程、河南省卫河坡洼（广润坡）蓄滞洪区工程建设、河南省卫河坡洼（共渠西）蓄滞洪区工程建设 5 个项目已完工。

大陆泽、宁晋泊蓄滞洪区防洪工程与安全建设项目施工现场

（三）流域各有关省（直辖市）强化蓄滞洪区建设管理

1. 北京市

北京市印发年度蓄滞洪区运用准备工作通知，压紧压实运行准备工作职责，组织房山区、丰台区完成小清河分洪区建设管理台账，完成碍洪物、违规项目梳理，推动清理整治；初步编制《北京市蓄滞洪（涝）区规划评估与建设实施方案》《北京市蓄滞洪（涝）区台账》《北京市蓄滞洪涝区管理暂行办法》，动态更新《北京市已建蓄滞洪（涝）区统计表》；统筹研究小清河分洪区高标准建设管理运用规划，推动

蓄滞洪区高质量发展。

2. 天津市

天津市印发关于做好蓄滞洪区管理工作的通知，组织各区人民政府落实属地责任，摸清蓄滞洪区现状，梳理蓄滞洪区基本情况，建立蓄滞洪区建设管理台账，修订细化蓄滞洪区运用预案，及时更新居民财产登记；会同市有关部门编制强化蓄滞洪区建设管理实施意见，进一步明确蓄滞洪区管理职责，强化管理手段。

3. 河北省

河北省积极推进"三逐一、一完善"工作；组织开展蓄滞洪区内影响分洪、行洪、蓄洪的各类风险隐患排查，督促整改落实；按照"一区一地一预案"原则，细化修订蓄滞洪区运用预案；建立蓄滞洪区污染、危险企业项目清单，严格项目准入和洪水影响评价审批，加强蓄滞洪区管理。

4. 河南省

河南省组织召开专题会，明确蓄滞洪区建设管理职责分工，全面压实各级防汛责任人，加强汛前培训演练，提高业务能力；及时修订更新蓄滞洪区运用预案和居民财产登记；按照水利部"三逐一"要求，全面梳理国家蓄滞洪区建设管理情况，摸清突出问题和短板，建立蓄滞洪区建设管理台账；积极推进白寺坡、长虹渠等蓄滞洪区进洪口门堰改闸项目建设，立足长远谋划蓄滞洪区建设，扎实做好蓄滞洪区建设与管理工作。

5. 山东省

山东省创新多种形式，做好恩县洼滞洪区运用和演练准备工作，制定《武城县恩县洼滞洪区管理办法（试行）》，明确职责任务，使滞洪管理工作有法可依，有章可循；修订完善《恩县洼滞洪区运用预案》，在转移安置方面，由原来撤离人员"村对村""户对户"安置调整为充分利用安全区幼儿园、学校、骨干企业、公共设施等进行"点对点"安置，切实提高预案可操作性。

第二节　及时响应

应急响应机制是由政府推出的针对各种突发公共事件而设立的各种应急方案，根据不同的响应级别配套相应的响应行动，使损失减到最小。

根据水旱灾害防御应急响应工作规程，洪水防御应急响应行动包括会商研判、调度指挥、预测预报、预警发布、信息报送、宣传报道、抢险技术支撑以及值班值守等，随着响应级别的提升，相应动作也更加紧密，以应对不同形势下的洪水。在此次海河"23·7"洪水防御过程中，水利部、海委及流域各地及时启动响应，组织协调落实落细各项防御措施，确保防御措施跑赢洪水速度。

一、适时启动响应，依法预防和减轻灾害

在防御海河"23·7"洪水期间，水利部超前启动响应，最高提升至Ⅱ级应急响应；海河防总、海委共启动或提升防汛应急响应、洪水防御应急响应4次，Ⅳ级应急响应1次、Ⅲ级应急响应1次、Ⅱ级应急响应1次、Ⅰ级应急响应1次，应急响应时间长达39d，Ⅰ级应急响应长达12d，为海委有史以来最长响应时间。具体情况如下。

7月27日，据预测，台风"杜苏芮"将于7月28日登陆北上，受其影响，海河流域大部将有大到暴雨，局地将有大暴雨，北三河、永定河、大清河、子牙河、漳卫河、徒骇马颊河等河系可能发生洪水。海河防总、海委根据《海河防汛抗旱总指挥部防汛应急响应预案》《水利部海河水利委员会水旱灾害防御应急响应工作规程》有关规定，决定自7月27日12时起，分别启动防汛Ⅳ级应急响应、洪水防御Ⅳ级应急响应。要求流域各有关省（直辖市）和相关单位从最不利情况出发，做最充分准备，进一步强化责任落实，强化监测预报预警和联合会商研判，紧盯关键节点工程，科学实施调度，持续加强值班值守，全力以赴做好台风"杜苏芮"强降水防御工作。

7月28日，台风"杜苏芮"于福建晋江登陆，预报结果显示，海河流域部分河系将发生洪水，北三河系、永定河系、大清河、子牙河、漳卫河系各控制站水位、流量将持续上涨，大黄堡洼、永定河泛区、小清河分洪区、兰沟洼、东淀、宁晋泊、大陆泽等多个蓄滞洪区可能启用。

7月28日，水利部根据台风移动路径，针对北京、天津、河北、山西、河南、山东等6个省（直辖市）启动洪水防御Ⅲ级应急响应。海河防总、海委根据有关规定，决定自7月28日12时起，分别将防汛Ⅳ级应急响应、洪水防御Ⅳ级应急响应提升至Ⅲ级，要求流域内各有关省（直辖市）和有关单位持续做好洪水防御各项工作。

7月29日15时，海委水文局发布海河流域洪水蓝色预警，提请北运河沿岸相关单位及社会公众密切关注雨水情变化，加强安全防范，及时避险。7月30日，受台风"杜苏芮"残余环流和冷空气共同影响，海河流域降大到暴雨，其中子牙河、大清河、永定河、北三河等河系部分地区降大暴雨到特大暴雨，预报7月31日至8月1日，海河流域部分地区仍将有大到暴雨，北运河、永定河、大清河、子牙河可能发生编号或超警戒水位以上洪水。

根据雨水情变化，水利部决定于7月30日将北京、天津、河北洪水防御应急响应提升至Ⅱ级，要求有关省（直辖市）即刻进入应急响应工作状态。海河防总、海委自7月30日0时起，分别将防汛Ⅲ级应急响应、洪水防御Ⅲ级应急响应提升至Ⅱ级，要求流域各地继续加强值班值守力量，密切关注天气过程，滚动预报，紧盯重点，及

时调整应对措施，强化流域管理，全力保障防洪安全。

水利部发布京津冀洪水防御应急响应

7月30—31日，子牙河、永定河、大清河相继发生"子牙河2023年第1号洪水""永定河2023年第1号洪水"和"大清河2023年第1号洪水"，流域内16条河流发生超警戒水位以上洪水，其中4条河流发生超保证水位洪水，6条河流发生有实测资料以来最大洪水。海委水文局分别于7月30日8时、18时和8月1日16时升级发布海河流域洪水黄色预警、橙色预警、红色预警，受强降水影响，海河流域小清河分洪区、宁晋泊、大陆泽、献县泛区、兰沟洼、东淀、共渠西等蓄滞洪区已启用。

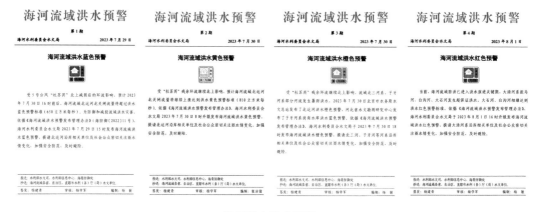

海委发布洪水预警

根据有关规定，海河防总、海委自8月1日13时起分别将防汛Ⅱ级应急响应、洪水防御Ⅱ级应急响应提升至Ⅰ级。要求各相关单位认真贯彻习近平总书记对防汛救灾工作的重要指示精神，持续压实责任，做好洪水防御各项工作。

所在位置：首页 > 海委要闻

海河防总、海委分别将防汛应急响应和洪水防御应急响应提升至Ⅰ级

http://www.hwcc.gov.cn　　　时间：2023-08-01 14:27:39　　　来源：海河水利委员会　　　大　中　小　打印

当前，海河流域防洪已进入洪水演进关键期，防汛形势严峻复杂。根据《海河防汛抗旱总指挥部防汛应急响应预案》和《水利部海河水利委员会水旱灾害防御应急响应工作规程》有关规定，决定自8月1日13时，海河防总将防汛Ⅱ级应急响应提升至Ⅰ级，海委将洪水防御Ⅱ级应急响应提升至Ⅰ级，要求各单位认真贯彻切习近平总书记对防汛救灾工作的重要指示精神，持续压实责任，做好防汛各项工作，全力保障人民群众生命财产安全和社会大局稳定。

海河防总、海委分别将防汛应急响应和洪水防御应急响应提升至Ⅰ级

8月12日，考虑到海河"23·7"洪水已进入下游退水阶段，前期启用的永定河泛区、东淀等蓄滞洪区洪水正在有序通过永定新河、独流减河等河流入海，防汛形势趋缓。海河防总、海委自8月12日20时起将防汛Ⅰ级应急响应、洪水防御Ⅰ级应急响应降至Ⅱ级。要求相关地区持续关注流域雨水情变化趋势及洪水演进情况，有序组织蓄滞洪区退水，重点关注东淀蓄滞洪区退水情况，抓紧开展蓄滞洪区运用补偿工作。

8月15日，考虑到海河流域各大河系河道水位逐渐回落，防汛形势进一步趋缓，海河防总、海委根据最新水情于8月15日17时分别将防汛Ⅱ级应急响应、洪水防御Ⅱ级应急响应降至Ⅲ级，要求各相关单位继续做好水旱灾害防御工作。

8月23日，海河流域各河系洪水均已处于退水阶段，河道水位逐渐回落，汛情进一步趋缓，海河防总、海委于8月23日18时分别将防汛Ⅲ级应急响应、洪水防御Ⅲ级应急响应降至Ⅳ级。要求高度重视退水期堤防防守，毫不松懈做好后续洪水防御各项工作。

8月31日，海河流域各河系汛情已总体平稳，海河防总、海委于8月31日12时分别终止防汛Ⅳ级应急响应和洪水防御Ⅳ级应急响应。

在洪水防御期间，北京市密切跟踪云团行进路径，充分利用气象卫星和测雨雷达综合研判，提前48h启动防洪排涝Ⅲ级应急响应，提前24h升级至Ⅰ级应急响应。天津市提前响应部署，分管市领导到市水务局连续调度，对落实落细防御措施作出进一步部署。天津市水务部门严格按照《市水务局洪涝灾害防御应急响应工作规程》及时启动响应工作，提早部署洪水调度、城区排水、山洪防御、堤防抢险等防御工作。7月31日15时，提升洪涝灾害防御至Ⅰ级应急响应。河北省迅速启动应急工作机制，分管省领导24h坐镇省水利厅指挥调度，厅水旱灾害防御领导小组5个职能工

作组全员到岗到位，专家技术团队与气象、应急部门每日会商研判，与有关市、县适时连线，科学调度运用水库、河道、蓄滞洪区，及时转移受威胁群众。山西省组织水情会商6次，发布洪水预警2期，开展水文预报60站次，发布水情信息582次，联合省气象局发布山洪灾害气象风险预警6期，通过山洪灾害监测预警平台，向58个县（区）16637名责任人发送预警信息12.1万条。河南省及时启动水旱灾害防御应急响应，最高提至Ⅰ级响应，累计滚动连续会商21次，组织各单位分工协作，全面迎战台风强降水。山东省组织气象水文滚动会商，及时启动水旱灾害防御应急响应，全力以赴做好强降水防范工作。

二、滚动会商部署，及时科学决策

防汛会商是保证防汛工作有序、高效、科学开展的关键环节。2023年，流域上下及时建立了气象、水利、应急等多部门联动的防汛会商机制，密切监视天气形势变化，滚动预测预报，尤其是强化降水区洪水预报，全面及时了解雨情、水情、工情、险情等信息，分析研判汛情发展趋势，及时发布洪水预警，充分发挥了防汛会商信息汇总、分析研判、决策指挥的作用，做好水旱灾害突发事件应对处置工作，最大限度减少人员伤亡和财产损失，为海河流域安全度汛奠定了坚实基础。

（一）水利部

水利部高度重视暴雨洪水防御工作，水利部部长李国英、副部长刘伟平多次组织防汛会商，滚动分析研判海河流域防汛形势，印发通知，作出部署，要求按照"系统、科学、有序、安全"原则，锚定"四不"目标，贯通"四情"防御，抓细抓实抓紧抓好各项防御措施，强化监测预报预警，科学调度骨干水利工程，抓好水库安全度汛及蓄滞洪区运用准备，全力防范山洪灾害和中小河流洪水，坚决守住海河流域防洪安全底线。

水利部部长李国英主持专题会商部署防汛工作

7月24日，水利部部长李国英视频连线长江、黄河、淮河、海河、珠江、松花江辽河、太湖流域管理机构，分析研判台风"杜苏芮"发展趋势，安排部署台风暴雨洪水防御工作，要求提前落实防范措施，从严从实从细做好防范工作。

7月28日，水利部部长李国英视频连线海委及北京、天津、河北、山西、河南、山东等省（直辖市）水利（水务）厅（局），要求必须树立底线思维、极限思维，从最坏处打算，向最好处努力，重之又重、细之又细、实之又实做好海河流域洪水防御各项准备工作，对各项防御措施进行再部署、再检查、再落实，坚决打赢台风暴雨洪水防御硬仗。

7月30日，水利部部长李国英视频连线海委，强调海河流域防汛工作即将迎来最关键时刻，务必高度重视，全力投入海河流域防汛大考，要按照各水系洪水演进时序，精准有序调度流域防洪工程，确保人员生命安全和工程安全。

水利部部长李国英主持专题会商视频连线海委
部署暴雨洪水防御工作

7月31日，海河流域防汛进入关键时刻，发生流域性较大洪水，子牙河、永定河、大清河相继发生编号洪水。水利部部长李国英紧急主持召开会商会，对海河流域防汛抗洪工作进行再安排、再部署、再落实，要求要根据当前子牙河、永定河、大清河发生编号洪水情况及洪水实时情况，及时发布洪水信息并调整响应级别，要在线监测洪水实时变化情况，并根据监测情况及时调整洪水防御措施，主动精准发布有关防御部署、蓄滞洪区运用、人员转移和工程调度情况，抢在洪水到达之前把相关防御措施落实到位。

8月1日，水利部部长李国英两次主持专题会商会，重点部署大清河、永定河系防御工作，强调当前海河流域防汛正在经历洪水演进关键时刻，绝不能因为降水减弱停止或洪水峰值已过就松劲懈怠，务必认清防御工作方位，保持与当前所处的防汛关键期相匹配的防御工作状态，加强永定河左堤、白沟河左堤等重要堤防防守，落实薄弱堤段防御措施，盯紧每一个已启用或即将启用的蓄滞洪区，强化安全区围隔堤防守，逐水库落实"三个责任人"，加强巡库查险，完善重要信息报告发布机制，对河流汛情、工程调度、蓄滞洪区运用等重要信息第一时间报告发布，坚决守住海河流域防洪安全底线。

水利部部长李国英研究海河流域防洪工程调度运用方案

8月4日晚，水利部部长李国英视频连线海委，要求必须强化过程意识，以"时时放心不下"的责任感，继续抓实抓细各项防御措施，强化已启用蓄滞洪区围堤和安全区围堤的防守，逐蓄滞洪区做好退水方案，高度关注退水过程中可能出现的安全风险，完善相关工程调度运用方案，尽快完成险情抢护任务，抓紧进行洪水复盘，提早谋划灾后重建，抓紧研究提出水工程修复方案，加快推进雨水情监测预报"三道防线"和数字孪生建设。

8月7日，水利部部长李国英视频连线海委，强调海河流域洪水过程尚未结束，蓄滞洪区运行正处于最关键时期，防御任务依然繁重艰巨，要精准把握大清河水系洪水总量和过程，做好新盖房分洪道堤防、东淀蓄滞洪区围堤、独流减河堤防等重点防御对象的防守，精准掌握永定河泛区内的洪水滞留分布，提前研判风险点位，预置队伍、料物、设备，确保永定河泛区围堤安全，科学调度独流减河防潮闸、永定新河防潮闸，适时开展溯源冲刷调度，减少防潮闸前后泥沙淤积。

8月11日，水利部部长李国英主持召开专题办公会议，研究部署海河流域洪水防御和复盘检视工作，强调当前海河流域洪水过程尚未结束，各河系仍处于全线退水期，要继续强化东淀、永定河泛区等蓄滞洪区安全防守，紧盯独流减河、永定新河等河道泄洪安全，加强退水期堤防防守，统筹考虑渤海潮汐影响和河道泄洪安全，科学精细调度沿海防潮闸，将洪水防御工作进行到底，同时要对海河流域内逐河流深入开展海河"23·7"洪水防御复盘检视，聚焦预报预警预演预案功能、流域防洪工程体系建设、数字孪生流域建设、防洪体制机制法治管理等重点方面，统筹谋划海河流域系统治理方案，着力提升流域洪水防御能力。

海河"23·7"洪水防御期间，水利部共印发通知20余次，安排部署中小河流洪水及山洪灾害防御、在建工程安全度汛、堤防巡查防守、蓄滞洪区运用等工作。先后派出26个工作组、专家组赴海河流域各地及南水北调中线工程沿线协助指导防御工作。启动洪水防御Ⅱ级应急响应后，由部领导带队的工作组和2个专家组赶赴京津冀指导防御工作。每日向台风影响区内有关省（直辖市）发出"一省一单"，提醒做好暴雨洪水防范应对工作。

水利部部长李国英研究东淀蓄滞洪区安全运用工作

（二）海河防总、海委

海河防总、海委认真贯彻国家防总、水利部部署要求，密切监视流域雨情、水情、工情，密切关注洪水演进过程，海委主任乔建华、副主任韩瑞光坚持每日组织开展滚动会商研判，与水利部及地方水利部门视频连线70余次，研究制定流域各河系洪水防御方案，滚动部署永定河、大清河、子牙河、漳卫河、北三河洪水调度工作，科学精细调度干支流水库、河道、水闸枢纽、蓄滞洪区等重要水工程，从严从实从细做好流域性特大洪水防御工作。

1. 洪水来临前

海河防总、海委于 2023 年 7 月 24 日、25 日、26 日、28 日组织暴雨落区有关省（直辖市）召开多轮会商，分析研判天气形势，就应对台风"杜苏芮"可能带来的强降水过程作出安排部署，强调要提高警惕，密切关注台风走势和可能形成的降水范围、量级，加强上下游、左右岸、干支流、省（直辖市）间沟通协调和信息共享，提前发布预警信息，周密做好各项防范措施，牢牢守住防洪安全底线。

海河防总、海委及时印发《关于做好台风"杜苏芮"强降雨防范工作的通知》《关于切实做好水库安全度汛工作的通知》《关于做好河道闸坝调度的通知》《关于尽快做好海河流域蓄滞洪区运用准备工作的紧急通知》《关于做好山洪灾害防御的紧急通知》等系列通知，重点就防汛责任制落实、巡查检查、应急抢护、河道阻水障碍清除、涉河建设项目安全度汛和信息共享等方面开展工作，压紧压实各项防汛责任，从严从细提出防御洪水具体举措，共同做好防御工作。

2. 洪水演进期

海河防总、海委连线北京、天津、河北、河南等省（直辖市），对北三河系、永定河系、大清河系、子牙河系、漳卫河系调度方案逐日进行滚动优化，密切关注水库拦蓄与下泄、河道行洪、蓄滞洪区分洪运用等情况，精准研究流域防洪工程调度措施，重点就北关枢纽、卢沟桥枢纽、新盖房枢纽和永定河泛区、东淀蓄滞洪区、宁晋泊大陆泽蓄滞洪区、献县泛区、兰沟洼蓄滞洪区等关键节点工程研究部署，最大程度发挥流域防洪工程体系效益，确保人员生命安全和工程安全。

海委连线流域各地防汛会商

海委连夜组织会商分析研判雨水情

天津市副市长谢元与天津市水务局一行到海委共同会商防汛工作

在永定河洪水防御工作中，海委与北京市水务局反复会商，研判官厅山峡洪量变化趋势，提出卢沟桥枢纽采取梯级加大拦河闸泄量，相机利用大宁水库等分蓄洪水的措施，并通知河北、天津做好永定河泛区运用准备。

在大清河洪水防御工作中，海委与天津市水务局、河北省水利厅多次会商研判，综合大清河南北支上游来水情况、水库蓄泄情况、白洋淀水位控制情况，及时提出东淀行洪滞洪应对措施，深入研判贾口洼蓄滞洪区启用可能性。督导天津市、河北省充分发挥上游水库拦洪作用，科学合理控制白洋淀水位，为白沟河和东淀人员撤离、洪水分泄争取时间；有序做好东淀蓄滞洪区人员转移避险、围堤隔堤巡查防守等工作，及时清除阻碍行洪的阻水堤埝，为行洪创造良好条件。

在北运河洪水防御工作中，海委科学调度北运河北关、土门楼等枢纽，滚动会商分析研判，动态预测北关枢纽洪峰流量，不间断组织京冀两地实时调整调度措施，最终合理调度运潮减河、青龙湾减河分泄流量，成功避免了下游大黄堡洼蓄滞洪区的启用。

在漳卫河洪水防御工作中，海委强化与河南省水利厅的沟通协调，要求河南紧盯卫河上游来水和共渠西蓄滞洪区启用情况，提前做好良相坡蓄滞洪区启用准备，切实做好人员转移安置，同时加强卫河干流、共渠堤防及穿堤建筑物检查防守，严格执行《漳卫河洪水调度方案》有关规定和调度指令，统筹工程安全，科学合理安排洪水出路。

海委组织防汛会商研究洪水调度

海委分析研究东淀蓄滞洪区运用

海河防总、海委及时印发《关于做好北运河洪水调度有关工作的通知》《关于做好东淀蓄滞洪区运用准备的通知》《关于加强永定河道行洪安全管理的紧急通知》《关于卢沟桥枢纽调度运用的意见》《关于北关枢纽调度运用的意见》《关于土门楼枢组调度运用的意见》《关于加强子牙河系洪水防御工作的紧急通知》《关于尽快做好永定河泛区运用准备的紧急通知》《关于做好兰沟洼蓄滞洪区运用准备的函》《关于卢沟桥枢纽及滞洪水库调度运用的意见》《关于进一步做好东淀安全行洪的通知》《关于进一步做好洪水演进期防御工作的通知》等，多次就做好卢沟桥枢纽调度运用、北关枢纽、土门楼枢纽调度运用、河道安全行洪、蓄滞洪区运用准备及行洪障碍清除、上下游信息互通共享等工作印发通知，要求相关省（直辖市）做好洪水演进期各项防御工作。

3. 洪水消退期

海河防总、海委继续密切监视洪水消退期演进过程，多次主持召开会商，会同相关省（直辖市）做好洪水调度，专题研究部署大清河新盖房枢纽、白洋淀枣林庄枢纽调度情况，独流减河进洪闸、防潮闸调度运行情况及东淀蓄滞洪区退水工作等，持续督促地方加强已启用蓄滞洪区围堤隔堤和重要行洪河道及堤防防守，并协调天津市、河北省及时处置子牙河拦河坝、东淀洪水下泄及大清河主槽安全行洪等问题。

海委连线天津市、河北省两地研究东淀退水

为推动东淀蓄滞洪区加快退水，海委多次与天津市、河北省开展联合会商，并印发《关于进一步加快东淀退水工作的通知》等多份通知，要求采取积极有效措施，抢抓有利时机，全力以赴确保东淀尽快全面退水，积极开展复耕复种工作，为农业抗灾生产提供保障，同时切实做好蓄滞洪区内转移安置群众回迁工作，抓紧完成蓄滞洪区运用补偿工作，确保居民生产生活秩序尽快恢复正常。

（三）流域各有关省（直辖市）

1. 北京市

北京市委、市政府高度重视，提前部署，全市上下迅速行动，落实落细各项防汛抗洪措施。全市水务系统全面动员部署，1.44万人坚守岗位，昼夜值守，各区加强全市重点水库、河道、涉河工程巡查防守和运行调度,迅速组织对352条山洪沟道实施管控,全市河湖区域全面停航,船只全部靠岸固定。病险水库、降等水库及土石坝类水库全部落实漫坝应急抢护措施。提前封堵堤防缺口和不连续堤段,加固蓄滞洪区围堤,计划使用的蓄滞洪区全部准备就绪。95个涉河在建工程全部停工,并撤出人员、设备,全力保障安全。

2. 天津市

天津市委、市政府主要领导多次组织水务、应急、气象和有关区召开调度会商会议,滚动研判台风、洪水发展趋势,动态调整调度指挥决策,牢牢把握洪水防御主动权,形成上下游、左右岸共同防御、团结治水的良好局面。成立由市政府主要领导亲自挂帅前线指挥部,9位市领导分兵把守进驻相关区域,现场指挥,推动防御力量调配。分管市领导连续30d坐镇市防办、市水务局,指挥水情测报、防洪调度、应急抢险等重点环节部署落实。市水务部门成立永定河、大清河前线工作组,局主要负责同志及2名班子成员坐镇前线指挥。抽调水务有关领导和专家成立水情监测组、专家组、应急抢险组、防洪调度组4个专项工作组,提升防洪防汛指挥作战能力。与水利部、海委及北京市、河北省滚动会商水雨情,实时交换雨水情信息,24h不间断发布天津市及周边主要河道重要控制断面水情。

3. 河北省

河北省分管省领导24h坐镇省水利厅指挥调度,厅水旱灾害防御领导小组5个职能工作组全员到岗到位,专家技术团队与气象、应急部门每日会商研判,科学调度运用水库、河道、蓄滞洪区,全力以赴做好应对防范工作。针对山洪灾害易发区,提前向石家庄、保定、邢台等8个市发布山洪灾害气象风险预警,向社会公众发送预警短信。通过省级山洪监测预警平台,滚动通报实时降水信息,向责任人发送预警信息,对达到山洪灾害监测预警阈值的40个县点对点调度提醒,压实包保责任,扩大转移范围。

4. 山西省

山西省委、省政府主要领导及时安排部署台风"杜苏芮"暴雨洪水防范应对工作,省防指指挥长驻守办公室调度指挥,4名副省长分赴强降水覆盖的阳泉、晋城等地督导防范措施落实情况,市、县党委政府主要领导一线组织防范应对和人员撤避。省水利厅主要领导驻守水工程调度中心滚动开展会商研判和指挥调度,及时派出6个专家组赴一线协助开展洪水调度和防范应对。

5. 河南省

河南省领导每日组织召开防汛会商会,研究制定方案,周密安排部署台风防范应对工作,省防指建立4个前方指挥部,4位省级干部分别带队到安阳、鹤壁、新乡、郑州等重点地区现场指挥,做好暴雨洪水防御工作。河南省水利厅安排厅级干部分别带领 8 个专家指导组、共 32 名专家赶赴各地，现场督导开展防汛防台风工作。在卫河、共渠洪水防御的重点位置增设 4 处临时水文站进行测流，掌握一手水文信息，派出 4 支水文应急监测队伍驰援北京市、河北省防汛工作。

6. 山东省

山东省实时跟踪台风"杜苏芮"演进过程，动态掌握台风动向，山东省水利厅主要负责同志先后组织召开 6 次专题会商会议，并召开全省台风防范应对工作视频调度会议，及时作出针对性安排部署。发布山洪灾害气象预警 3 期，发布山洪预警信息22.7 万余条；成立水文应急测报突击队，赴漳卫河等重点地区一线累计开展洪水预报 121 站次，测流 1700 余站次；省级发出调度指令 13 条，有效管控马颊河、徒骇河、德惠新河等骨干河道市际边界拦河闸坝，确保行洪平稳顺利；针对漳卫河大流量行洪过程，连夜派出 3 个工作组赴聊城、德州、滨州进行现场盯防，并预置 2 个工作组，根据汛情需要随时赶赴一线。

第三节　水文测报

水文监测预报预警，是防汛决策的支撑。在这场特大洪水中，汛情就是命令，时间就是生命。在防御海河"23·7"洪水的战役中，通过水文监测全面获取流域水文情势，开展实时滚动预报，及时发布洪水预警，提前预判和调度，为抗击洪水赢得主动。

流域上下水文部门充分发挥"耳目"和"尖兵"作用，强化一线水文监测，严密监视水情变化，圆满完成水文测报任务，为抗洪抢险赢得了宝贵时间。

特大洪水给水文测报工作带来了极大困难，流域内各水文测站和水文勘测队的水文工作者日夜驻守水文监测"战场"，顽强作战，做到了洪水期间"测得到、测得准、报得出"。基于雨水情"三道防线"监测数据，做细做实防洪"四预"措施，实施精准预报，及时发布预警，开展精细化预演，提供科学决策预案。为流域防洪决策提供有力支撑。

一、水文监测

（一）重要控制站水文测验

2023 年 7 月 28 日至 8 月 1 日，海河流域出现强降水过程，累计面平均降水量155.3mm。海河流域子牙河、永定河、大清河 3 个河系相继发生编号洪水，小清河分洪区、兰沟洼、东淀等 8 个蓄滞洪区相继启用。特大洪水给水文测报工作带来了极大的困难，流域内各水文测站和水文勘测队的水文工作者 24h 驻守在水文测站上，连续作战、不畏艰险，按照有关水文测验规范和根据各测站特性制定的测洪方案进行水文测验，使用了雷达波在线测流系统、声学多普勒流速剖面仪（ADCP）、全球卫星导航定位系统（GNSS）、测流无人船、测流无人机等先进的仪器设备对洪水进行连续的监测，抢测到了完整、宝贵的特大洪水过程，为抵御海河"23·7"洪水作出了重大贡献。

北京水文职工夜间在雁翅水文站监测流量

海委独流减河进洪闸水文职工无人船流量监测

　　海河"23·7"洪水期间，流域内各水文测站与临时应急监测断面构建成严密的水文数据监测网络，完整记录了大清河、永定河、子牙河等河系洪水涨落过程。各站水位过程控制完整，流量过程控制良好，洪峰流量平均控制幅度在90％以上；含沙量过程控制良好，输沙率测验满足输沙量计算要求。截至8月20日，流域内各水文测站与临时应急监测断面共施测流量3195站次、人工观测水位33526站次、测沙1472站次，抢测洪峰359场，采集报送雨水情监测信息142万余条，为各级防汛单位提供了大量及时准确的数据支撑，有力支撑了流域洪水防御工作。

（二）水文应急监测

海河"23·7"洪水期间，海委及北京、天津、河北、山西、河南等水文部门出动应急监测人员3000余人次，采用电波流速仪、比降面积法等应急测验方式抢测洪峰，测得河道洪峰流量蓄滞洪区分洪流量、水库泄洪水量等关键节点数据，通过卫星电话报汛，测报频次加密至一小时一报，关键时刻半小时甚至10分钟一报，为洪水预报和防汛调度、抗洪抢险等提供及时可靠信息。

1. 大清河

7月29日，河北省水文水资源研究中心派出应急监测队先后在大清河系孝义河、府河、瀑河、漕河、清水河、唐河等多条入淀河流的多个监测断面开展应急监测，绘制水位流量关系曲线、逐小时快报，为雄安新区防汛提供了坚实的技术支撑。

河北水文应急监测队在府河 ADCP 测流

7月30日，海委水文局先后派出2支应急监测队伍前往南北拒马河一线抢测洪水。应急监测队在南拒马河、北拒马河干流、北拒马河北支、北拒马河中支、北拒马河南支选取了5个应急监测断面，并在水头到达前全部完成了应急监测断面的河道断面测量等工作，为抢测洪峰做足了充分准备。7月30日17时，北京市水文总站抽调应急监测队巡测大清河张坊、漫水河水文站，应急队克服道路不通的困难，及时到达张坊、漫水河水文站并立即开展巡测；7月30日22时，漫水河水文站水位接近2012年"7·21"最高洪水位，应急队及时上报流量情况，市水文总站于7月30日23时发布大石河流域漫水河洪水橙色预警。

7月31日晚，拒马河洪峰即将到达，监测组的成员坚守在测验断面，并根据水位变化情况抓紧加密监测次数，第一时间将测验成果传回海委防汛指挥中心。在完

北京水文应急监测队在漫水河水文站电波流速仪测流

成抢测洪峰的任务后，监测队兵分两路，一组继续坚守在拒马河一线，在完成测验任务的间隔，抓紧一切时间积极开展北拒马河南支、中支、北支的洪痕标记、高程测量、洪水影像航摄、河道地形航测等洪水调查工作，并到张坊、落宝滩水文站调研洪水监测过程；另外一组赶往兰沟洼蓄滞洪区开展监测。

海委水文应急监测队在北拒马河用电波流速仪测流

8月1日晚，应急监测队二队在完成兰沟洼蓄滞洪区抢测分洪口门地形任务后，又接到海委防汛指挥中心支援白沟河左堤东茨村查看险情的指令，水文应急监测队第一时间整装出发，克服暴风骤雨、路面泥泞难行等困难，驱车110km星夜抵达东茨村。面对水深及腰、大雾弥漫、夜间能见度低等种种不利因素，发挥共产党员"关键时刻冲得上去、危难关头豁得出来"的鲜明本色，涉水开展应急监测，为白沟河除险现场指挥调度提供第一手信息，用实际行动展现了共产党员的使命担当。

8月3日，应河北水文的协助监测请求，监测二组留守在白沟河茨村大桥监测上下游分洪口门流量，操控无人机往返于各个口门监测洪水实况，操作无人船监测各个分洪口门流量，将数据第一时间回传给海委防汛指挥中心，并共享给河北水文部门，为大清河系防洪调度决策提供数据支撑；8月4日上午，接到指挥中心监测命令，即刻转战至大清河系中亭河，下午又转战至赵王新河、东淀蓄滞洪区，跟踪监测洪水演进情况。

海委水文应急监测队在大清河用无人船测流

8月1日2时，东淀蓄滞洪区启用。海委派出1支应急监测队赶赴新盖房枢纽等地，对东淀蓄滞洪区分洪水头开展实时追踪。8月2日9时，监测组追踪分洪水头至武将台桥，随后一路追寻分洪水头演进前行，持续12h准确记录分洪水头到达106国道超洪桥、渔津洼桥、王庄伙桥、高各庄蓄水闸等监测点时间，为洪水演进规律研究提供翔实的数据支撑。在洪水漫滩前，8月2日15时，使用电波流速仪、RTK估测武将台桥流量；16时40分，使用ADCP抢测到渔津洼桥流量、流速等数据信息后迅速撤离，为掌握东淀蓄滞洪区新盖房分洪水头进入中亭河的准确时间、准确预测预报洪水演进、防洪调度提供了重要依据。

海委水文应急监测队在东淀蓄滞洪区跟踪水头

2. 永定河

7月29日，北京市水文总站提前安排应急监测队前往青白口、雁翅、三家店水文站支援防汛测报工作。7月31日，入永定河泛区崔指挥营断面在水文设施面临被淹情况下，北京市水文总站及时抽调应急监测队，根据水位变化适时开展水文应急测验。应急监测队人员克服断水断电、通信不畅等不利情况，确保水文数据不间断。

7月31日11时，永定河发生2023年第1号洪水。海委派出2支应急监测队分别奔赴卢沟桥枢纽和其下游金门闸断面和固安水文站断面抢测洪水，并一路跟踪永定河洪水演进过程；17时，监测队在涿州金门闸实时监测永定河由北京进入河北的水流流量，协同北京水文总站在5h内抢测6次洪水流量，坚守监测阵地直至大水漫桥。8月1日8时，监测到洪水水头进入永定河泛区入口断面梁各庄；12时，在永定河泛区琥珀营大桥开展流量监测；15时，赴下游苑家务大桥抢测流量，并通过无人机持续监测河水演进过程。8月2日0时，赶往茨平分洪口门监测永定河泛区情况，利用无人机等多种设备坚守6h实测水位上涨速度，在洪水距离小埝堤顶仅0.1m的情况下，仍坚持报送完成最后一组数据，为永定河泛区精准调度提供水文监测数据支撑；6时，在三家店断面施测流量，测得流量为310m³/s；10时，在三家店上游约8km处野溪桥布设临时断面，测得流量为424m³/s；14时，在永定河泛区潘庄子分洪口门琥珀营桥监测断面测得永定河流量为890m³/s。

7月31日晚，天津市水文水资源管理中心派出应急监测队赴永定河开展水文应急测报工作。为及时掌握永定河上下游洪水演进情况，应急监测队从邵七堤省界断面一直到下游入海断面跟踪施测流量，掌握第一手数据，为永定河防洪调度提供了有力支撑。

天津水文应急监测队现场分析计算

海委水文应急监测队在茨坪分洪口门测量

海委水文应急监测队在卢沟桥
枢纽 ADCP 测流

3. 漳卫河

7 月 28—30 日，卫河流域淇河上游出现特大暴雨，其他地区出现暴雨到大暴雨，卫河水位明显上涨；7 月 31 日，淇门出现超警戒水位洪水，防汛形势依然严峻。漳卫南运河管理局水文巡测中心卫河水文巡测分中心派出应急监测队，携带无人船、ADCP 等水文监测设备赶赴汤河、安阳河入卫口及重要控制断面，持续开展应急监测。

8 月 3 日，漳卫南运河管理局水文处增派应急监测队赴减河东方红路桥、岔河张集桥、漳卫新河沟店铺桥等控制断面开展应急监测；8月4日，漳卫南运河管理局水文处、岳城水文站、穿卫枢纽水文站、四女寺引黄水文站、辛集水文站等组建水文应急监测队，全面开展应急监测工作。共完成17个断面33次的流量监测，为预测预报提供了宝贵的数据支撑。

二、预报预警

海委密切监视天气变化和汛情发展，加强气象水文联合会商研判，滚动预测预报，尤其是强化强降水区洪水预报，提高预测预报精度，及时发布洪水预警，为调度决策和防范应对争取时间。2023年汛期，海委共发布洪水预报41期共计410站次，编制发送各类雨水情分析材料159期，"海委水文"公众号向239位防汛工作者实时推送各类雨水情及预测预警分析文档151期。

（一）洪水预报

自2023年7月25日开始，多家气象降水预报产品显示海河流域未来3～7d将有一次大到暴雨、局部大暴雨以上过程，海委高度重视，构建各河系产汇流区域串联预报方案，根据各子流域产汇流特点，选用新安江、河北雨洪、马斯京根等模型方法，采用水文气象耦合技术，对暴雨中心子牙河岗南—黄壁庄水库区间（以下简称"岗黄区间"）、大清河南北支、官厅山峡区间、北运河等每日2次逐断面开展超前滚动精细化预报分析，共提供海河流域重要节点洪水预报分析成果80余站次。

7月28日至8月1日降水期间，及时滚动研判分析洪水态势，提供重要节点洪水预测分析成果170余站次。

8月2日后，流域全面进入洪水演进期，根据实时雨水情信息及应急监测成果，实施"以测补报"，提高河道洪水演进精度；同时构建蓄滞洪区二维水动力学模型开展预演分析，采用卫星遥感、无人机监测、应急监测等天空地多源信息融合，及时掌握蓄滞洪区演进、河道行洪、工程险情等实时信息，对蓄滞洪区演进模型参数实时滚动修正，为蓄滞洪区预演提供高精度演进分析成果。主要河系洪水实际预报过程情况分析如下。

1. 永定河

永定河降水过程集中在7月30—31日，涉及预报断面依次为斋堂水库、青白口、雁翅、三家店、卢沟桥。7月26日，海委水文局预测卢沟桥洪峰流量1500m³/s；7月27日、29日及30日，海委水文局经与水利部信息中心、北京市联合会商，滚动预报三家店洪峰流量1200m³/s，提前研判永定河泛区可能启用；7月31日，官厅山峡区间局地暴雨突然增强。预报前期，受通信中断、雨量数据缺失影响，卢沟桥预报结果较实际偏少，后期采用雷达回波分析估算了部分缺失雨量，进一步提高了预报精度。

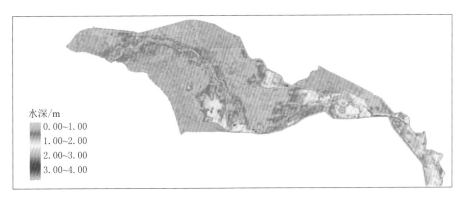

永定河泛区淹没演进

2. 大清河

海委与水利部信息中心、北京市、河北省开展联合会商，通过预报分析提前研判了小清河分洪区、东淀及兰沟洼将启用。7月27—30日，海委预报张坊站洪峰流量3000～4000m³/s，确定小清河分洪区、东淀蓄滞洪区必将启用；根据7月31日降水实况及未来降水形势的研判，及时调整关键节点预报，张坊站洪峰流量滚动调整至4500m³/s，与河北省预报成果4620m³/s较为一致；东茨村站洪峰流量从2240m³/s滚动调整至3200m³/s；新盖房站洪峰流量从3350m³/s滚动调整至2800m³/s，主要站点洪量误差均控制在±10%以内。洪水进入东淀后，与河北省、天津市协作联动开展预报，8月6日，提前3d精准预报大清河台头站最高水位6.00～6.10m（实际6.01m），预报独流减河进洪闸南北闸洪峰流量1250～1300m³/s（实际1310m³/s，预报精度95%），东淀清南地区、贾口洼等蓄滞洪区不启用。

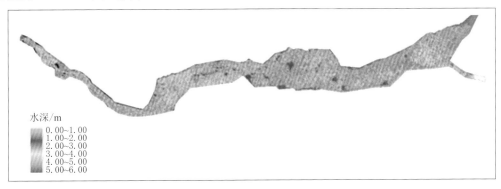

东淀模型淹没演进

3. 子牙河

7月28日，海委经与河北省联合会商后，研判滏阳河大陆泽、宁晋泊蓄滞洪区将自然漫溢启用。7月28日，海委与河北水文单位提前3d预报岗南水库入库洪峰流量为2350m³/s；7月30日，考虑该区域落地雨、上游实时水情及未来降水情况，提前1d预报黄壁庄水库入库洪峰流量6000m³/s；7月31日7时，实测入库洪峰流量

6250m³/s；河北预报岗南水库入库洪水总量约 3.30 亿 m³（实际洪水总量 3.28 亿 m³），误差率仅为 0.6%。

4. 北三河

北三河降水过程集中在 7 月 30—31 日。7 月 28 日，最新气象预报显示，强降水落区集中在北运河，经与水利部信息中心、北京市联合会商后，预报北关枢纽于 8 月 1 日将出现洪峰流量 2700 m³/s；7 月 31 日，根据气象预报，强降水落区将不在北运河，及时调整预报，修正预报北关枢纽 8 月 1 日洪峰流量 1000m³/s；8 月 1 日，北关枢纽实际出现洪峰流量 1140m³/s。

5. 漳卫河

漳卫河系降水主要集中在 7 月 28—29 日，涉及的预报断面依次为岳城水库、淇门、元村。7 月 27 日以来，提前 2d 预报岳城水库 7 月 30 日入库洪峰流量为 1200～1500m³/s，7 月 30 日预报当晚入库洪峰流量 1000m³/s 左右（7 月 30 日 22 时实测洪峰流量 1000m³/s），有力支撑了水库防洪调度运用。

（二）洪水预警

1. 流域编号洪水

根据《全国主要江河洪水编号规定》，水利部、海委共发布 3 个洪水编号，涉及子牙河系、永定河系和大清河系 3 个河系。7 月 30 日 23 时，子牙河系滹沱河黄壁庄水库入库流量达到洪水编号标准，确定为"子牙河 2023 年第 1 号洪水"；7 月 31 日 11 时，永定河系三家店水文站流量及大清河系拒马河张坊水文站流量均达到洪水编号标准，分别确定为"永定河 2023 年第 1 号洪水"和"大清河 2023 年第 1 号洪水"。

水利部发布大清河发生编号洪水

所在位置：专题报道 > 海河"23·7"流域性特大洪水防御 > 海委行动

海河流域子牙河发生2023年第1号洪水

http://www.hwcc.gov.cn　　　时间：2023-07-30 23:19:25　　　来源：海河水利委员会　　　大　中　小　打印

海河流域子牙河系滹沱河黄壁庄水库2023年7月30日23时入库流量达到3000立方米每秒，为子牙河2023年第一次达到编号标准的洪水，依据《全国主要江河洪水编号规定》，确定此次洪水编号为"子牙河2023年第1号洪水"，这是今年我国大江大河首次发生编号洪水。

编辑：薛程

海委发布子牙河发生编号洪水

2. 洪水预警发布

根据《海河流域洪水预警发布管理办法》和流域内各有关省（直辖市）洪水（水旱灾害、水情、水情旱情）预警发布管理办法，各级水文部门按照权限或授权负责辖区内重要站点的洪水预警发布。本次洪水过程中海河流域内共发布98次洪水预警，其中水利部信息中心9次、海委4次、北京市5次、天津市8次、河北省70次、山西省2次。

海委共发布4次流域洪水预警，暴雨洪水期间，海委坚持"预"字当先，根据洪水预报分别于7月29日15时发布海河流域洪水蓝色预警。7月30日8时、18时和8月1日16时升级发布海河流域洪水黄色预警、橙色预警、红色预警，提请相关河系沿岸单位及社会公众密切关注雨水情变化，加强安全防范，及时避险。

北京市先后发布了大清河流域、北运河流域、永定河流域洪水预警。7月30日23时，升级发布大清河流域大石河橙色洪水预警；7月31日11时，将大石河洪水预警升级为红色；7月31日15时，升级发布永定河流域橙色洪水预警。

天津市依托突发公共事件预警信息发布平台的传播矩阵，把社会公众洪水预警服务向"最后一公里"延伸，初步实现了水情预警服务社会公众的规范化、制度化。

河北省对拒马河、白沟河、滹沱河、沙河、洺河等29条主要河流及时发布洪水预警70站次，其中红色预警5站次、橙色预警11站次、黄色预警22站次、蓝色预警32站次。

海河流域洪水红色预警

—————— 第四节　工程调度 ——————

水工程调度是水旱灾害防御的关键所在，在统筹考虑各水工程防洪抗旱能力的基础上，采取水库、河道及堤防、水闸枢纽、蓄滞洪区等水工程联合调度措施，可充分发挥水工程体系防灾整体作用，最大限度减轻灾害损失。

在水利部的领导下，海河防总、海委与流域各有关省（直辖市）牢固树立底线思维、极限思维，锚定"人员不伤亡、水库不垮坝、重要堤防不决口、重要基础设施不受冲击"的目标，统筹各河系上下游、左右岸、干支流，对永定河、大清河、子牙河、北三河、漳卫河逐河系分析研判，逐河段精准演算洪水过程，按照系统、科学、有序、安全的原则，依法依规开展流域统一调度，确保了相关地区和重要基础设施防洪安全，最大限度减少了洪水影响和损失，流域统一调度成效显著。

一、重点河系调度思路

在海河"23·7"洪水应对过程中，水利部、海委及流域各有关省（直辖市）各级水利部门坚持系统观念，立足流域单元，充分发挥水库、河道及堤防、蓄滞洪区组成的流域防洪工程体系"组合拳"作用，综合分析来水、蓄水、分水、泄水，精细研判工程运用条件、工况、影响，精准确定防洪工程运用时机、次序，合理安排洪水出路，构建起抵御洪水的坚实屏障。

（一）永定河

官厅水库闭闸错峰控制上游洪水，精细调度卢沟桥枢纽，科学运用大宁及永定河滞洪水库分蓄洪水，减轻永定河卢梁段河道行洪压力，降低永定河泛区淹没损失。永定河泛区分区运用，充分发挥缓洪滞洪作用。屈家店枢纽、永定新河防潮闸全力下泄洪水，确保相关地区和基础设施防洪安全。

（二）大清河

南支：统筹运用预测预报成果，调度上游水库和枣林庄枢纽，科学控制白洋淀水位。北支：调度安格庄水库拦蓄南拒马河上游洪水，启用小清河分洪区、兰沟洼蓄滞洪区拦蓄北拒马河超标准洪水，保障重要堤防和基础设施安全。大清河下游：做好大清河泄洪和东淀等蓄滞洪区运用，加快洪水入海。

（三）子牙河

科学调度滹沱河岗南、黄壁庄水库拦蓄洪水，保障石家庄等地区的安全。献县泛区行洪运用，充分发挥滞洪缓洪作用。滏阳河上游各支流大中型水库全力拦蓄上游洪水，运用大陆泽、宁晋泊蓄滞洪区有效滞蓄洪水，尽可能减少淹没范围。

（四）北三河

发挥上游水库拦蓄作用，科学调度北运河北关、土门楼枢纽，运用运潮减河、青龙湾减河向潮白河分泄洪水，降低北运河行洪压力，尽量避免大黄堡洼滞洪运用。

（五）漳卫河

科学调度岳城水库，合理减轻下游河道行洪压力。全面运用卫河上游大中型水库控泄洪水，有效控制共产主义渠、淇河、安阳河洪水，减少蓄滞洪区启用，减轻河道行洪压力。

二、永定河洪水调度

永定河系发生特大洪水，降水过程集中在 7 月 30—31 日，暴雨中心位于官厅山峡区间。卢沟桥枢纽遭遇了建成以来涨势最猛、峰值最大的洪水，7 月 31 日 14 时 30 分，卢沟桥枢纽过闸最大流量 4650m³/s，超 50 年一遇，为 1924 年以来最高值。在应对暴雨洪水过程中，大宁水库和永定河滞洪水库充分运用，永定河泛区缓洪滞洪，确保了相关地区以及基础设施防洪安全。

（一）洪水调度安排

永定河上游官厅水库关闸全部拦蓄上游洪水，共拦蓄洪水 0.73 亿 m³，永定河支流清水河斋堂水库接近设计水位充分运用，为落坡岭火车站滞留旅客及下游危险区群众紧急转移赢得宝贵时间，最大限度发挥了拦洪削峰效益。

暴雨中心官厅山峡区间洪水汇流时间较短，卢沟桥枢纽先后形成两次洪峰。滚动、精细调度卢沟桥枢纽，合理运用拦河闸与分洪闸分泄洪水，充分利用大宁水库和永定河滞洪水库蓄滞洪水，最大蓄滞洪水 0.75 亿 m^3，控制卢沟桥拦河闸最大下泄流量 2500m^3/s，有力保障了下游堤防防洪安全，有效减轻洪水对永定河泛区影响。

永定河泛区于 8 月 2 日 6 时启用，池口口门、茨平口门、南石口门相继运用，累计进洪量约 3.59 亿 m^3，最大蓄滞洪量 2.29 亿 m^3，永定河泛区缓洪滞洪作用显著。永定新河进洪闸提闸敞泄洪水，永定新河防潮闸赶潮提闸，最大限度宣泄洪水入海。

（二）重点工程调度

1. 水库

（1）官厅水库。2023 年 7 月 29 日 17 时，官厅水库关闭泄洪洞闸门；7 月 30 日 12 时，水库入库流量起涨；8 月 1 日 12 时，水库入库洪峰流量 355m^3/s，至 8 月 10 日 8 时，水库入库总洪量 0.73 亿 m^3，未泄洪，全部拦蓄。

（2）斋堂水库。7 月 30 日 19 时 30 分，斋堂水库入库流量起涨。7 月 31 日 9 时，水库入库流量 284m^3/s 并急剧上涨，根据降水及洪水预报成果，下泄流量逐级加大至 150m^3/s。在保证水库工程安全的前提下，斋堂水库最大程度拦蓄洪水；12 时，待下游人员安全转移后，水库逐级加大下泄至 800m^3/s。其间，水库入库洪峰流量 1170m^3/s（调查值），最大下泄流量 800m^3/s，最大拦蓄洪水 1340 万 m^3。

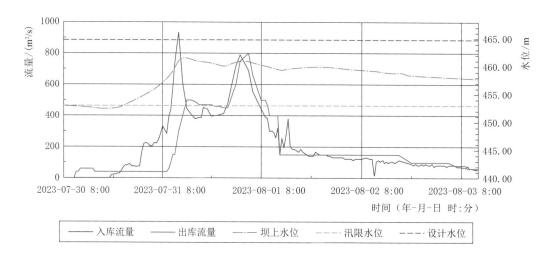

2023 年 7 月 31 日至 8 月 3 日斋堂水库洪水调度过程

2. 卢沟桥枢纽

暴雨中心官厅山峡区间洪水汇流时间较短，迅速向下游传播，卢沟桥枢纽先后形成两次洪峰。7月31日14时30分，卢沟桥枢纽发生第一次洪峰，过闸最大流量为4650m³/s；8月1日10时，卢沟桥枢纽发生第二次洪峰，流量为2490m³/s。

在永定河洪水陡涨的紧急关口，水利部、海委实时滚动会商研判，统筹上下游、分洪与下泄，果断决策，根据水情变化及时下达调度指令，每半小时科学调度卢沟桥拦河闸和小清河分洪闸。

（1）第一次洪峰调度（7月31日12时至8月1日6时）。7月31日，官厅山峡区间突降局地暴雨，北京部分雨量站在暴雨期间大面积损毁，且暴雨区通信中断，雨量数据出现缺失。7月31日11时53分，北京市水务局电话报告海委，卢沟桥枢纽闸上水位、流量快速上涨。

海委要求即刻做好永定河泛区运用准备。12时30分，向天津市水务局、河北省水利厅印发《关于尽快做好永定河泛区运用准备的紧急通知》，督促做好蓄滞洪区运用工作。13时30分，海委主任乔建华主持召开京津冀防汛联合会商，安排部署卢沟桥枢纽调度及永定河泛区运用等工作。

13时38分，水利部印发卢沟桥枢纽调度令，卢沟桥拦河闸下泄流量700m³/s。卢沟桥枢纽闸上流量仍在上涨。

15时30分，水利部副部长刘伟平紧急召开卢沟桥枢纽调度联合会商。16时29分，根据实时水情研判，水利部印发调度令，卢沟桥拦河闸加大下泄至850m³/s，其余洪水经小清河分洪闸入大宁水库和永定河滞洪水库。

19时30分，水利部副部长刘伟平主持召开防汛会商，再次紧急连线海委会商研判卢沟桥枢纽调度。20时30分，根据会商研判，官厅山峡区间预报后期仍有较强降水过程，考虑到下游行洪及避险转移，水利部印发卢沟桥枢纽调度令，卢沟桥拦河闸加大下泄流量至1000m³/s，此后每半小时增加100m³/s，同时相应减少小清河分洪闸泄量，直至关闭。

根据水利部调度令要求，至8月1日6时30分，卢沟桥拦河闸实测下泄流量逐级加大至1470m³/s；小清河分洪闸下泄流量逐级减小至关闭。大宁及永定河滞洪水库最大滞蓄0.75亿m³。

（2）第二次洪峰调度（8月1日6时至8月1日22时）。8月1日4时，卢沟桥闸上水位开始复涨。9时，卢沟桥拦河闸下泄流量达到2400m³/s且仍在上涨。9时30分，水利部印发卢沟桥枢纽调度令，当预报来流超过2500m³/s时，控制卢沟桥拦河闸下泄流量不超过2500m³/s。8月1日10时，卢沟桥发生第二次洪峰，实测流量2490m³/s。10时35分，考虑到大宁及永定河滞洪水库纳洪能力，水利部向海委印发通知，要求海委与北京市水务局加强协调，统筹做好永定河滞洪水库退水，确保大宁水库不超过设计水位。

卢沟桥枢纽宣泄洪水

海委及时组织召开卢沟桥枢纽调度专题会商会，综合研判卢沟桥枢纽水情、大宁及永定河滞洪水库工情，精准预报来水，判断卢沟桥枢纽洪水已达峰。11时48分，海委向北京市水务局印发通知：必要时相机开启永定河滞洪水库退水闸，保持大宁水库和永定河滞洪水库水量进出平衡，保证大宁水库不超设计水位，不增加永定河河道行洪压力及下游永定河泛区淹没损失。

此后，卢沟桥枢纽闸上水位快速回落。8月1日22时，卢沟桥拦河闸下泄流量降至500m³/s以下，洪水沿永定河有序平稳下泄，卢沟桥枢纽防洪压力大幅度减小。

3. 永定河泛区

（1）运用准备。7月30日11时38分，海委向北京、天津、河北等3个省（直辖市）印发《关于加强永定河河道行洪安全管理的紧急通知》，督促加强河道安全行洪管理，做好大流量行洪准备，同时从最不利出发，做好永定河泛区运用准备。7月31日12时，官厅山峡区间突发洪水，接到海委通报后，天津市、河北省迅即组织实施永定河泛区可能淹没区域内居民转移、清场等工作。廊坊市防指决定于8月2日6时启用永定河泛区。

（2）行洪运用。随着卢沟桥拦河闸下泄流量不断加大，7月31日16时51分，永定河固安县监测断面水位起涨。8月1日23时，永定河泛区池口口门开始进洪；8月2日6时，茨平口门进洪；8月2日10时，西孟村、南石口门进洪。南石口门进洪后，西孟村口门前水位迅速下降不再进洪，西孟村口门视为未启用。8月1日22时10分，永定河水头进入天津市武清区黄花店镇境内。

（3）预演支撑。在永定河洪水防御期间，海委水文局利用基于数字孪生技术的永定河流域防洪"四预"平台系统，开展了永定河河道及永定河泛区洪水演进模拟，较好地预测了蓄滞洪区内水头位置、淹没水深及流速和卢沟桥枢纽、永定新河进洪闸洪峰流量等洪水要素，分析村基、安全区等位置的淹没情况。

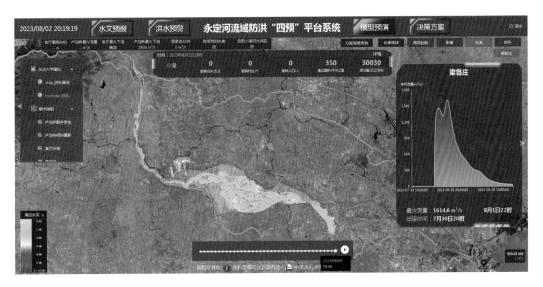

永定河流域防洪"四预"平台系统

根据预演分析成果，提前 3d 精准预报屈家店枢纽永定新河进洪闸洪峰流量 250m³/s，提前 9d 准确预报永定河泛区将于 8 月 22 日基本完成退水。预报成果及时报送水利部，并通报天津市水务局、河北省水利厅等，为防汛决策、蓄滞洪区居民返迁及运用补偿工作提供有力支撑。

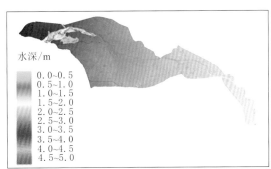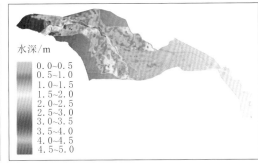

永定河泛区模型淹没演进

（4）蓄滞洪情况。永定河泛区滞洪时间共计21d，8 月 6 日 21 时最大滞洪量2.29 亿 m³，最大滞洪面积256km²。

（三）防洪调度成效

针对官厅山峡突发洪水，统筹上下游防洪形势，动态调度以卢沟桥枢纽为核心的防洪工程体系，妥善处理分、泄、滞关系，有效确保了相关地区和基础设施防洪安全。

一是调度官厅水库关闸拦蓄洪水，累计拦洪 0.73 亿 m³，有效减轻了下游防洪压力。

二是调度支流斋堂水库，推迟大流量泄洪时间，为官厅山峡区间受困列车旅客和下游群众转移创造了条件，有效减免了人员伤亡。

三是调度卢沟桥枢纽，充分利用大宁、永定河滞洪水库滞蓄洪水，将永定河下泄流量控制在 2500m³/s 之内，确保了永定河卢沟桥至梁各庄段的行洪安全，为永定河泛区群众安全转移赢得了宝贵时间。

三、大清河洪水调度

海河"23·7"洪水期间，大清河系发生特大洪水，流域面平均降水量 305mm，降水过程集中在 7 月 30—31 日，暴雨中心位于大清河北支。拒马河张坊水文站 7 月 31 日 22 时 20 分洪峰流量 7330m³/s，为 1952 年有实测资料以来第 2 位；大石河漫水河站 7 月 31 日 11 时 20 分洪峰流量 5300m³/s，为 1952 年有实测资料以来最大。在应对暴雨洪水过程中，大清河系大中型水库充分拦洪，先后启用了小清河分洪区、兰沟洼、东淀 3 处蓄滞洪区，保障了重点区域防洪安全。

（一）洪水调度安排

大清河北支由于洪水来势迅猛，小清河分洪区内大石河、北拒马河漫溢行洪，大量洪水经白沟河宣泄而下，兰沟洼蓄滞洪区启用分洪，最大蓄洪 2.23 亿 m³。南拒马河支流中易水安格庄水库最大拦蓄洪水 1.47 亿 m³，将南拒马河北河店站洪峰流量由 3080m³/s 削减至 2120m³/s。白沟河与南拒马河汇合后，新盖房枢纽白沟引河闸闭闸，洪水通过新盖房分洪道下泄进入东淀。

大清河南支通过水库联合调度，控制白洋淀入淀洪峰流量 757m³/s，有效避免了白洋淀水位快速上涨。其间，白洋淀上游 5 座大型水库最大拦蓄洪水 5.65 亿 m³，白洋淀枣林庄枢纽最大泄量 285m³/s。

东淀蓄滞洪区于 8 月 1 日 2 时启用，累计入淀洪量约 23.95 亿 m³。洪水经东淀缓滞后，主要由独流减河入海。8 月 10 日 4 时，独流减河进洪闸洪峰流量 1310m³/s，独流减河防潮闸赶潮提闸宣泄洪水入海，西河闸相机泄洪经海河入海。

（二）重点工程调度

1. 水库

（1）安格庄水库。7 月 28 日至 8 月 1 日，水库上游流域面平均降水量 571.8mm。8 月 1 日 1 时，水库入库洪峰流量 1970m³/s，根据降水及洪水预报成果，在保证水库工程安全的前提下，安格庄水库最大下泄 616m³/s，最大拦蓄洪水 1.47 亿 m³。

（2）龙门水库。7 月 28 日至 8 月 1 日，水库上游面平均降水量 549.3mm，入库

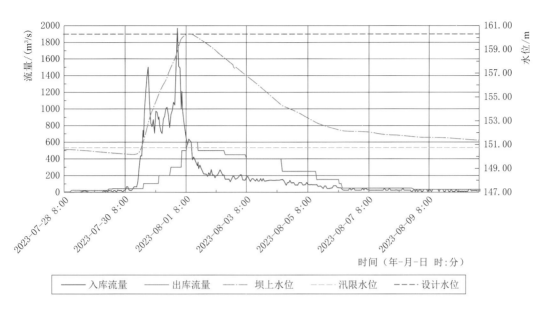

2023 年 7 月 28 日至 8 月 10 日安格庄水库洪水调度过程

洪峰流量 1250m³/s，最大下泄 467m³/s，最大拦蓄洪水 0.67 亿 m³。

（3）西大洋水库。7 月 28 日至 8 月 1 日，水库上游面平均降水量 289.6mm，入库洪峰流量 2440m³/s，最大下泄 430m³/s，最大拦蓄洪水 2.88 亿 m³。

（4）王快水库。7 月 28 日至 8 月 1 日，水库上游面平均降水量 296.8mm，入库洪峰流量 3670m³/s，最大下泄 486m³/s，最大拦蓄洪水 2.70 亿 m³。

王快水库提闸泄洪

（5）口头水库。入库洪峰流量 167m³/s（7 月 31 日 6 时），小于 5 年一遇，最高蓄水位 198.28m（8 月 17 日 8 时），相应蓄量 0.48 亿 m³，未出库，最大拦洪水量 0.18 亿 m³。

（6）横山岭水库。入库洪峰流量 943m^3/s（7 月 31 日 3 时），超 5 年一遇，最高蓄水位 233.52m（8 月 5 日 16 时），相应蓄量 1.04 亿 m^3，最大出库流量 53.9m^3/s（7 月 31 日 12 时），最大拦洪水量 0.56 亿 m^3。

海河"23·7"洪水期间大清河系大型水库拦蓄统计

库　名	最高水位 /m	相应蓄量 /亿 m^3	入库洪峰流量 /（m^3/s）	最大出库流量 /（m^3/s）	最大拦洪水量 /亿 m^3
安格庄水库	160.31	1.91	1970	616	1.47
龙门水库	126.99	0.85	1250	467	0.67
西大洋水库	139.22	5.90	2440	430	2.88
王快水库	198.44	6.92	3670	486	2.70
口头水库	198.28	0.48	167	0	0.18
横山岭水库	233.52	1.04	943	53.90	0.56

2. 白洋淀

7 月 27 日 8 时，白洋淀提前预泄，枣林庄枢纽预泄流量 51.4m^3/s（最高 123m^3/s）；至 7 月 30 日 6 时，白洋淀水位由 6.76m 降至 6.50m 左右，累计增加蓄洪容积 5900 万 m^3。

7 月 29 日起，大清河系上游南北支及白洋淀淀区开始大范围降水。新盖房枢纽白沟引河闸关闭，北支洪水全部由新盖房分洪道下泄；南支大部分洪水由各大水库拦蓄。7 月 30 日 18 时，白洋淀入淀洪峰流量 757m^3/s，8 月 20 日 22 时，十方院达到最高水位 7.28m，相应蓄量 4.47 亿 m^3。枣林庄枢纽最大泄量 285m^3/s。

3. 蓄滞洪区

自 7 月 25 日开始，国家气象中心等多家给出的预测成果均较为稳定：海河流域将发生大到暴雨、局部特大暴雨的降水过程。海委高度重视，超前滚动预报分析，确定小清河分洪区、东淀蓄滞洪区必将启用，兰沟洼蓄滞洪区可能启用。7 月 27 日海河防总、海委同步启动Ⅳ级响应，后逐步升级，至 8 月 1 日提至Ⅰ级。7 月 29 日 14 时，海委向有关省（直辖市）印发《关于尽快做好海河流域蓄滞洪区运用准备工作的紧急通知》，督导提醒有关地方提前做好小清河分洪区、东淀、兰沟洼等蓄滞洪区群众避险转移准备。

（1）小清河分洪区。

1）运用准备。7 月 27—30 日，海委水文局、河北省水文中心针对大清河北支各河道逐断面开展超前滚动精细化预报分析，研判拒马河张坊站洪峰将远超下游河道行洪能力，小清河分洪区启用已成必然。保定市防指于 7 月 30 日 16 时发布小清河分洪区启动橙色预警的通知，要求涿州市迅速组织实施可能淹没区域内居民转移、清场等工作。

2）进洪运用。大石河漫水河站、北拒马河紫荆关站分别于 7 月 30 日 15 时、16 时先后起涨。依据拒马河张坊站、南拒马河落宝滩站实测流量数据，北拒马河洪峰流量 $5600 \mathrm{m}^3/\mathrm{s}$（调查值为 $6470 \mathrm{m}^3/\mathrm{s}$），大石河漫水河站洪峰流量 $5300 \mathrm{m}^3/\mathrm{s}$，均远超下游河道行洪能力（北拒马河南北支合计约 $500 \sim 800 \mathrm{m}^3/\mathrm{s}$，大石河河北段约 $300 \mathrm{m}^3/\mathrm{s}$），小清河分洪区自然进洪启用。保定市防指决定于 7 月 31 日 12 时，启用小清河分洪区。

3）蓄滞洪影响。小清河分洪区累计进洪量 11.78 亿 m^3，8 月 2 日 15 时最大滞洪量 5.14 亿 m^3，最大滞洪面积 $230 \mathrm{km}^2$，8 月 11 日基本完成退水。

（2）兰沟洼蓄滞洪区。

1）运用准备。7 月 30 日，保定市防指印发兰沟洼蓄滞洪区橙色预警的紧急通知，要求 7 月 31 日 20 时前组织完成兰沟洼淹没范围内居民转移。

7 月 31 日 10 时，大石河漫水河站报汛流量已达 $3300 \mathrm{m}^3/\mathrm{s}$，经分析研判，东茨村站水位将超过保证水位，为确保白沟河左堤安全，兰沟洼蓄滞洪区必须启用。7 月 31 日，保定市防指印发兰沟蓄滞洪区红色警报的紧急通知，要求做好扒口准备。保定市防指决定于 7 月 31 日 23 时 30 分启用兰沟洼蓄滞洪区，于高碑店市白沟河右堤东务分洪口门扒口。

2）分洪运用。8 月 1 日 14 时，东茨村站水位 27.11m（85 高程），相应流量 $2330 \mathrm{m}^3/\mathrm{s}$。当日 16 时，启用涿州市白沟河右堤朱庄分洪口门。当日 18 时，由于北拒马河、大石河大量洪水持续涌入小清河分洪区，东茨村站水位、流量继续上涨，洪水由小清河分洪区小营横堤（小清河分洪区与兰沟洼之间的隔堤）流入兰沟洼蓄滞洪区。

8 月 1 日，白沟河左堤东茨村上游 800m 处在建的排水涵闸出现渗漏。当晚得知消息后，水利部部长李国英立即组织会商，全面安排部署险情处置工作。水利部、海委工作组及海委水文应急监测队伍赶赴险情现场。8 月 2 日凌晨，水利部副部长刘伟平通过电话向工作组传达水利部会商部署安排，要求督促地方连夜抢险，同时在适当位置扒口，扩大向兰沟洼蓄滞洪区分洪，尽快降低白沟河水位。2 日 1 时，保定市防指在涿州市白沟河右堤东辛庄扒口分洪。

8 月 2 日上午，海河防总总指挥、河北省委副书记、省长王正谱到涿州市白沟河左堤现场检查指导，要求确保左堤安全。当日中午，水利部部长李国英赶赴白沟河左堤险情现场，要求稳固防线，督促地方在白沟河右堤合适位置再扒口分洪，进一步减轻左堤出险段堤防压力。8 月 2 日 16 时、23 时，保定市防指先后在白沟河右堤西茨村 1 号、西茨村 2 号、里遗扒口，向兰沟洼分洪。8 月 3 日 12 时 7 分，在多方共同努力下，白沟河左堤出险段月牙围堰顺利合龙，险情消除。

3）蓄滞洪情况。经保定市水利水电勘测设计院技术人员测量，7 处分洪口门总

73

宽度为 3.12km。兰沟洼累计进洪量 2.28 亿 m^3，8 月 6 日 8 时最大滞洪量 2.23 亿 m^3，最大滞洪面积 278.2km^2，8 月 22 日，兰沟洼基本完成退水。

（3）东淀蓄滞洪区。

1）运用准备。7 月 26—29 日，海委滚动预报新盖房枢纽洪峰流量 2000～3530m^3/s，东淀蓄滞洪区行洪运用已成必然。7 月 30 日凌晨，海委主任乔建华、副主任韩瑞光连线河北省水利厅，反复确认关键环节，提前 2d 向水利部上报《关于启用东淀蓄滞洪区的请示》，并向河北、天津印发《关于做好东淀蓄滞洪区运用准备的通知》，督导提醒有关地方提前做好群众避险转移和阻水堤埝扒除等工作。7 月 30 日，水利部向国家防总总指挥上报东淀蓄滞洪区启用有关情况，经国家防总总指挥同意后，7 月 31 日，水利部下达东淀蓄滞洪区启用命令，自 8 月 1 日 2 时启用东淀蓄滞洪区。

2）行洪运用。7 月 31 日 2 时 33 分，新盖房枢纽进行闸门调度，引河闸全闭，分洪闸 13 孔全提；21 时，新盖房分洪道流量开始上涨。8 月 2 日 3 时，水头通过新盖房分洪道进入霸州市南张庄村，东淀蓄滞洪区开始进洪；12 时 45 分，水头到达 106 国道；8 月 4 日 12 时，水头进入天津市静海区台头镇境内。

在东淀行洪运用期间，海委积极协调上下游、左右岸防洪难点，妥善处置东淀阻水堤埝开卡等问题，努力调处津冀行洪诉求矛盾。8 月 4 日，海委主任乔建华率组赴东淀西码头闸现场调研协调，并会同天津、河北组成联合工作组，就东淀洪水下泄及大清河主槽安全行洪等问题进行多方协商，并形成会议纪要。

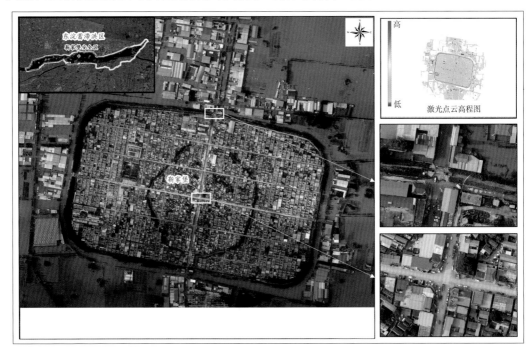

8 月 6 日东淀蓄滞洪区靳家堡安全区飞机航拍监测

8月10日早晨,东淀蓄滞洪区内大清河南侧滩里干渠右埝发生漫溢溃口,东淀清南片区河北省廊坊市文安县部分区域进水,天津市及时完成苗头排干西埝加固和相关公路缺口及穿堤涵管封堵,有效减少了淹没范围和损失。在水利部指导下,河北省积极组织对溃口进行封堵,8月13日23时55分,滩里干渠右埝漫溢溃口完成封堵。

3)退洪调度。8月16日5时,新盖房枢纽流量降至200m³/s以下。8月29日15时,河北省水利厅下达新盖房枢纽和枣林庄枢纽调度令,新盖房枢纽分洪闸关闭,停止向东淀泄洪,开启白沟引河闸,退洪入白洋淀,经赵王新河、大清河入海。8月30日中午,新盖房枢纽分洪闸闭闸,东淀全面进入退水阶段。

海委高度重视东淀蓄滞洪区退水工作,8月31日、9月21日,海委副主任韩瑞光先后两次主持召开东淀蓄滞洪区退水工作联合调度会商会议,组织天津市水务局、河北省水利厅制定《大清河东淀蓄滞洪区退水方案》,积极推动加快退水进程,并安排工作组赴一线督导。

针对淀内中部积水不能自流排出的问题,天津市、河北省加强沟通协调,积极采取强排措施,增设固定泵站,架设移动泵车,提高应急排水能力,抢排积水。其中,天津市紧急落实应急排水设备,累计增设固定泵站6处,架设移动设备322台套,累计排除积水约1.57亿m³;河北省加大抽排力度,累计增设固定泵站10处,架设移动设备358台套,累计排除积水约0.9亿m³。9月26日,东淀蓄滞洪区内滞蓄洪水基本排净,已无连片积水区域,东淀蓄滞洪区退水基本完成。至此,海河"23·7"洪水过程结束。

4)预演支撑。东淀行洪运用期间,海委水文局等单位利用激光雷达、倾斜摄影等新技术测得的蓄滞洪区高精度下垫面数据,构建了蓄滞洪区100m网格尺度的二维水力学演进模型。根据水文预报结果,并结合逐日遥感监测的淹没范围、应急监测及现场调研情况进行模型率定和验证,持续一个多月滚动开展蓄滞洪区运用数值模拟,较好地预测了全断面过流、全范围淹没、独流减河进洪闸洪峰流量、第六堡最高水位等洪水要素。

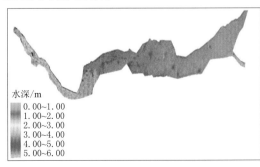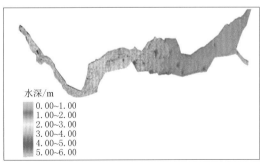

东淀蓄滞洪区模型淹没演进

根据预演分析成果，提前 20h 准确预报淀内洪水水头到达天津市境内时间（误差不到 1h）；提前 3d 预测大清河台头站最高水位 6.00～6.10m（实测 6.01m），预测独流减河进洪闸南北闸流量 1250～1300m³/s（实测 1310m³/s，预报精度 92%），为地方防汛抗洪抢险提供了决策支撑。

5）蓄滞洪情况。东淀行洪运用期间，入淀洪量累计约 23.95 亿 m³，东淀滞洪时间共计 56d，于 8 月 10 日 8 时达到最大滞洪量 8.01 亿 m³，最大滞洪面积 319.6km²。

（三）防洪调度成效

面对大清河北支洪水来势猛烈的不利局面，统筹运用预测预报成果，按照既定作战部署，全力管控洪水风险，合理控制白洋淀水位，科学启用蓄滞洪区，有效减轻了洪水损失。

一是科学实施库淀联调。联合调度大清河南支上游王快、西大洋等 5 座大型水库充分拦洪，最大拦蓄洪水 5.65 亿 m³，合力削减白洋淀上游潴龙河、唐河等南支诸河洪峰流量累计超 7000m³/s，将入白洋淀洪峰流量控制在 757m³/s 上下，平稳控制白洋淀水位，有力减轻了下游地区防洪压力。

二是充分发挥蓄滞洪区拦洪滞洪作用。小清河分洪区自然进洪启用，及时启用兰沟洼和东淀蓄滞洪区缓洪滞洪，最大限度分泄超量洪水，有力保障了白沟河、大清河堤防安全。

四、子牙河洪水调度

子牙河系发生特大洪水，降水过程集中在 7 月 28—29 日，具有雨量大、洪峰高的特点，暴雨中心位于滹沱河支流冶河（岗黄区间）和滏阳河上游。滏阳河支流沙河上朱庄水库入库洪峰流量 7900m³/s，超 100 年一遇，为建库以来第 2 位；黄壁庄水库入库洪峰流量 6250m³/s，超 20 年一遇。在应对暴雨洪水过程中，子牙河系大中型水库充分拦蓄洪水，大陆泽、宁晋泊、献县泛区 3 处蓄滞洪区启用。

（一）洪水调度安排

岗南水库选准时机，于 7 月 30 日闭闸全力拦洪，有效控制滹沱河上游洪水，最大拦蓄洪水 3.51 亿 m³；黄壁庄水库全力拦蓄滹沱河支流冶河洪水，入库洪峰流量 6250m³/s，最大拦蓄洪水 3.41 亿 m³，确保了石家庄等城市安全。8 月 1 日 24 时，献县泛区大齐口门扒口运用，最大蓄滞洪量 1.21 亿 m³。洪水经献县泛区缓滞后，主要由子牙新河入海，洪峰流量 450m³/s；子牙河相机分泄，最大流量 86m³/s。

滏阳河上游各支流大中型水库全力拦蓄上游洪水，朱庄、临城、东武仕 3 座大型水库累计最大拦蓄洪水 2.36 亿 m³。大陆泽、宁晋泊蓄滞洪区自然进洪启用，加强分区运用隔堤、围堤等防守，将蓄滞洪区内洪水有效控制在滏阳河以西区域，尽可能减少淹没范围。其中大陆泽蓄滞洪区最大蓄滞洪量 4.05 亿 m³；宁晋泊蓄滞洪区最大蓄滞洪量 2.01 亿 m^3。

（二）重点工程调度

1. 水库

子牙河系滹阳河及滹沱河上游各大中型水库于 7 月 30 日晚至 7 月 31 日上午陆续出峰。在洪水防御过程中，实行科学拦蓄洪水，最大限度将洪灾影响范围控制到最小，洪涝灾害损失控制到最低。

（1）岗南水库。7 月 29 日起，岗黄区间开始大范围降水。为减轻下游黄壁庄水库防洪压力，7 月 30 日 16 时，岗南水库闭闸拦洪。

7 月 31 日 13 时，待黄壁庄水库入库洪峰回落后，再次开启岗南水库闸门泄洪，入库洪峰流量达 2250m^3/s 时，控制下泄流量仅 50m^3/s，最大拦蓄洪水 3.51 亿 m^3。

岗南水库调节池九孔闸泄洪

（2）黄壁庄水库。7 月 29 日起，黄壁庄水库上游开始大范围降水，截至 8 月 1 日，岗黄区间累计降水 315mm。7 月 29 日 12 时，水库入库流量起涨，根据降水和洪水预报成果，7 月 30 日 8 时，综合考虑尽量避免献县泛区启用，黄壁庄水库下泄流量从 300m^3/s 暂加至 400m^3/s。

7 月 30 日 20 时，在水利部部长李国英主持召开的防汛会商会议上，海委、河北省水利厅根据治河上游实时水情，紧急预报黄壁庄水库入库洪峰流量将超 6000m^3/s，防汛形势严峻。海委实时连线河北省水利厅，初步预判黄壁庄水库下泄流量将超过 1000m^3/s，同时考虑到台风"卡努"可能产生的影响，为防止 2 次暴雨叠加造成重大灾害，后续水库泄量可能继续加大，献县泛区需启用。22 时，水库下泄流量加大至 500m^3/s。23 时，海委再次以海河防总名义向有关省（直辖市）印发《关于做好暴雨洪水防范应对工作的紧急通知》，贯彻落实水利部部长李国英会商部署，要求有关地方强化水库安全运行，做好蓄滞洪区运用准备，确保河道行洪安全。

7月31日3时，经河北省政府同意，黄壁庄水库泄量增大到1000m³/s。4时，入库流量持续上涨至5710m³/s（超10年一遇5590m³/s）。5时，调度水库进一步加大控泄流量至最高1600m³/s。7时，黄壁庄水库出现入库洪峰流量6250m³/s。8月1日0时，黄壁庄水库达到最高水位119.43m。

此后，随着入库流量的不断减小，黄壁庄水库下泄流量逐级调减至1200m³/s、800m³/s、600m³/s。8月2日11时，入库流量356m³/s、下泄流量减小至500m³/s。

8月22日18时，黄壁庄水库入库流量回落至45.4m³/s，洪水过程基本结束，总历时24d，总入库洪量9.21亿m³，最大拦蓄洪水3.41亿m³，最大限度地减轻了滹沱河下游河道和献县泛区运行压力。

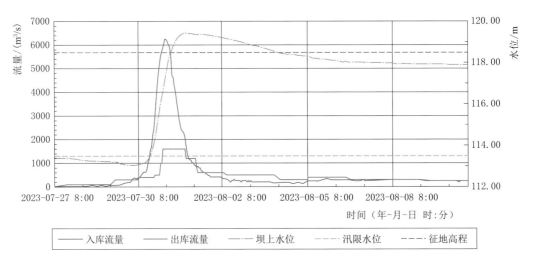

2023年7月27日至8月8日黄壁庄水库洪水调度过程曲线

（3）朱庄水库。7月29日20时，朱庄水库起涨，24h内入库流量从55.6m³/s上涨到3440m³/s，水位从238.46m上涨到247.98m。

7月30日21时30分，朱庄水库下泄流量增加至600m³/s。7月31日0时，入库流量达4540m³/s，下泄流量增加到1200m³/s。水库水位和入库流量仍呈上升态势，洪水预报3d洪量达1.69亿m³，实测洪峰流量达7370m³/s，超100年一遇，为建库以来第2位。按照调度运用方案，水库可敞泄，为发挥拦洪作用，朱庄水库按照最大5000m³/s控泄，最大程度拦洪。7月31日2时30分，入库洪峰流量达7900m³/s，最大控泄流量5000m³/s。7月31日3时30分，水库最高水位达到255.44m，最大拦蓄洪水1.75亿m³。

（4）临城水库。临城水库于7月29日8时起涨；7月31日4时30分，入库洪峰流量1900m³/s（超20年一遇）；7月31日7时30分，水库最高蓄水位125.27m，最大出库流量343m³/s，最大拦洪量0.57亿m³；8月1日11时，入库流量下降至49m³/s，水位 123.71m，控制下泄流量 100m³/s。

（5）东武仕水库。8月1日5时，入库洪峰流量 89.4 m³/s（小于5年一遇），出库流量 22m³/s；8月1日19时，水库最高蓄水位 104.15m，最大拦洪量 0.04 亿 m³。

海河"23·7"洪水期间子牙河系大型水库拦蓄统计

水库名称	最高水位 /m	相应蓄量 /亿 m³	入库洪峰流量 /(m³/s)	最大出库流量 /(m³/s)	最大拦洪水量 /亿 m³
黄壁庄水库	119.43	5.07	6250	1600	3.41
朱庄水库	255.44	3.49	7900	5000	1.75
岗南水库	197.54	8.08	2250	50	3.51
临城水库	125.27	0.84	1900	343	0.57
东武仕水库	104.15	0.74	89.4	22	0.04

2. 蓄滞洪区

（1）大陆泽、宁晋泊蓄滞洪区。

1）运用准备。7月28—29日，根据河北省水利厅工作要求，邢台市水务局先后2次印发预警通知，对滏阳河以西可能涉及的南和区、任泽区、巨鹿县、隆尧县、宁晋县作出启用蓄滞洪区的具体工作部署，并按照预案提前做好人员转移工作。7月29日14时，海委向有关省（直辖市）印发《关于尽快做好海河流域蓄滞洪区运用准备工作的紧急通知》。7月30日16时，河北省预报北澧河邢家湾站流量将超过300m³/s，洓河与午河交汇处将达到保证水位；北沙河马村站流量 903m³/s，沙洺河临洺关站流量 813m³/s，达到蓄滞洪区启用标准。7月30日20时，邢台市防汛抗旱指挥部发布大陆泽、宁晋泊蓄滞洪区启用。

2）进洪运用。7月30日21时30分，七里河下段顺水河任泽区南甘寨段超保证标准漫溢行洪，下游郭村段河道洪水进入大陆泽蓄滞洪区。7月31日6时20分，洺河临洺关站流量 1200m³/s，7月31日15时，城隍站流量 186m³/s，南和区柴里村段河道漫溢，洪水进入大陆泽蓄滞洪区。

7月31日3时12分，沙河朱庄水库下泄流量 5000m³/s；9时起，南澧河河道流量超过保证标准，漫溢行洪入大陆泽蓄滞洪区。

7月31日1时，北沙河马村站行洪流量 1040m³/s，宁晋县马家庄段河道左堤漫溢，洪水进入宁晋泊蓄滞洪区。

3）蓄滞洪情况。8月5日16时，大陆泽蓄滞洪区最大滞洪量 4.05 亿 m³，8月11日基本完成退水；8月7日11时，宁晋泊蓄滞洪区最大滞洪量 2.01 亿 m³；8月23日，基本完成退水。

（2）献县泛区。

1）运用准备。7月30日21时，海委实时连线河北省水利厅，初步预判黄壁庄水库下泄流量需要进一步加大，滹沱河姚庄站流量可能突破400m^3/s，献县泛区需要启用。7月31日0时，河北省印发了《关于做好黄壁庄水库加大泄量的预通知》，提醒下游做好献县泛区运用准备。衡水市防指、沧州市防指开始组织人员转移。8月1日11时，河北省防指决定启用献县泛区。

2）进洪运用。8月1日24时，洪水经大齐口门进入献县泛区（北泛区）。8月2日4时40分，滹沱河饶阳县段南小堤漫堤，姚庄断面流量为377m^3/s（上游安平县刘吉口于8月1日18点50分出现洪峰流量918m^3/s）。南小堤漫堤后，饶阳县迅速组织抢险队伍在下游肃衡路以上抢筑"三道防线"，尽可能将洪水归入主槽。

3）蓄滞洪情况。8月11日20时，献县泛区最大滞洪量1.21亿m^3，最大滞洪面积127.8km^2；9月5日，献县泛区基本完成退水。

（三）防洪调度成效

在子牙河系洪水防御过程中，充分发挥子牙河系防洪工程体系作用，根据实时雨情水情和预测预报结果，采取上拦、中滞、下排，有力保障了河北省石家庄市及下游广大地区防洪安全。

一是联合调度滹沱河岗南水库、黄壁庄水库。将黄壁庄水库下游流量控制在石家庄上下游河道安全泄量之下，减淹大量耕地，避免大量人员转移，保障了下游广大地区防洪安全。

二是调度滏阳河上游朱庄水库、临城水库等充分拦洪，大陆泽蓄滞洪区、宁晋泊蓄滞洪区自然启用缓洪滞洪，有效减轻了下游沿线防洪压力。

三是及时启用献县泛区，科学调度艾辛庄枢纽、献县枢纽，保证了滏阳新河、子牙新河等骨干河道行洪安全。

五、北三河洪水调度

海河"23·7"洪水期间，北三河系发生较大洪水。降水主要集中在7月30—31日，暴雨中心位于北运河中上游。北运河北关枢纽洪峰流量1140m^3/s，接近10年一遇；北运河十三陵水库入库洪峰流量886m^3/s，为1971年有实测资料以来最大。潮白河怀柔水库入库洪峰流量804m^3/s，为1963年有实测资料以来最大。在应对暴雨洪水过程中，北运河、潮白河上游水库充分拦洪，精细调度北关、土门楼等骨干水闸枢纽，确保洪水平稳下泄。

（一）洪水调度安排

台风"杜苏芮"登陆前，海委先后向有关省（直辖市）印发《关于做好北运河洪水调度有关工作的通知》《关于做好河道闸坝调度的通知》，督促指导京津冀沿河各地有序实施河网预泄调度，潮白河、北运河、运潮减河、引沟入潮等河道上18座橡胶坝全部塌坝运行，里自沽闸等沿河闸坝提前预泄，腾出调蓄空间约4亿 m^3 。

联合调度潮白河密云水库、怀柔水库，累计拦蓄洪水1.55亿 m^3 ，有效降低了下游潮白河水位，为分泄北运河洪水创造条件。州河于桥水库全部拦蓄上游洪水，将蓟运河干流行洪流量控制在河道安全泄量以内。

北运河十三陵水库全部拦蓄上游洪水。北运河北关枢纽洪峰流量1140 m^3/s ，通过分洪闸向运潮减河最大分泄洪水。纳凉水河洪水后，北运河土门楼枢纽出现洪峰流量851 m^3/s ，控制木厂节制闸下泄流量不超过北运河安全泄量。同时，为了应对可能发生的超标准洪水，提前做好北京市宋庄、天津市大黄堡洼两处蓄滞洪区运用准备，适时滞纳超量洪水。

（二）重点工程调度

1. 水库

（1）十三陵水库。7月30日15时30分，十三陵水库入库流量起涨；8月1日5时，入库洪峰流量886 m^3/s ；8月4日8时，最高蓄水位95.82m，相应蓄量0.41亿 m^3 ，未出库，最大拦洪量0.23亿 m^3 。

（2）密云水库。7月31日17时，密云水库入库流量起涨；8月1日15时，入库洪峰流量1450 m^3/s ，8月10日8时，最高蓄水位151.84m，相应蓄量30.10亿 m^3 ，最大下泄流量12 m^3/s （8月2日6时），最大拦洪量1.32亿 m^3 。

（3）怀柔水库。7月31日17时，怀柔水库入库流量起涨；7月31日21时，入库洪峰流量804 m^3/s ；8月1日17时，最大下泄流量363 m^3/s ，最大拦洪量0.23亿 m^3 。

怀柔水库控泄洪水

（4）于桥水库。7月31日17时，于桥水库入库流量起涨；8月2日12时，入库洪峰流量236m³/s，8月10日8时，最高蓄水位19.94m，相应蓄量3.03亿m³。其间，于桥水库闭闸错峰，最大拦洪水量0.54亿m³。

海河 "23·7" 洪水期间北三河系重点大型水库拦蓄统计

水库名称	最高水位 /m	相应蓄量 /亿 m³	最大入库流量 /(m³/s)	最大出库流量 /(m³/s)	最大拦洪水量 /亿 m³
十三陵水库	95.82	0.41	886	0	0.23
密云水库	151.84	30.10	1450	12	1.32
怀柔水库	60.77	0.62	804	363	0.23
于桥水库	19.94	3.03	236	0	0.54

2. 重要枢纽

根据气象水文预报，海委实时开展预报调度专题会商，滚动更新北运河洪水调度方案。7月30日16时22分、7月31日17时，海委先后两次印发北关枢纽及土门楼调度运用意见。根据海委的调度意见，北京市、河北省拟定了具体调度运用计划，并报海河防总核备。

（1）北关枢纽。8月1日0时，北运河北关枢纽出现洪峰流量1140m³/s。调度北关分洪闸向运潮减河最大分泄流量561m³/s，北关拦河闸向北运河最大控制下泄流量584m³/s，尽力减轻下游河道行洪压力。

北关拦河闸分泄洪水

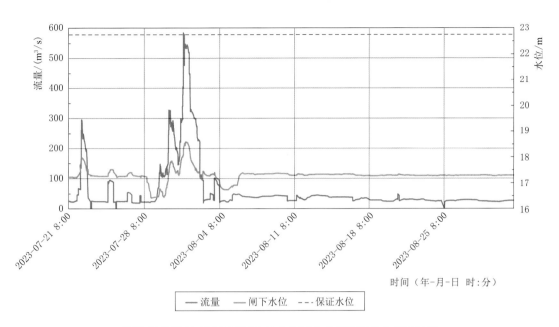

2023 年 7 月 21 日至 8 月 25 日北运河北关拦河闸洪水调度过程

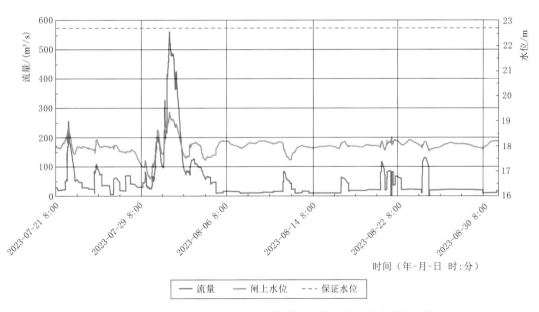

2023 年 7 月 21 日至 8 月 30 日运潮减河北关分洪闸洪水调度过程

（2）土门楼枢纽。8 月 1 日 12 时，北运河土门楼枢纽出现洪峰流量 851m³/s。调度土门楼分洪闸向青龙湾减河最大分泄 783m³/s，木厂节制闸向北运河控泄流量不超过 80m³/s。

（三）防洪调度成效

调度上游水库拦蓄洪水，调度北关、土门楼枢纽分泄洪水，降低河道行洪压力，避免了天津大黄堡洼蓄滞洪区的启用。

六、其他河系洪水调度

(一) 漳卫河

漳卫河系发生较大洪水。降水主要集中在 7 月 28—29 日,暴雨中心位于卫河及漳河上游。漳河岳城水库入库洪峰流量 1000m³/s。启用蓄滞洪区 1 处。

发挥岳城水库的流域控制性工程关键作用,最大拦蓄洪水 2.13 亿 m³,确保漳河洪水不出主槽。全面运用卫河上游马鞍石、石门等中型水库控泄洪水,调度卫河合河节制闸合理分泄,控制下游黄土岗水文站水位未超过 68.00m(黄海高程),避免了良相坡蓄滞洪区的启用,共渠西蓄滞洪区自然进洪。卫河支流淇河、安阳河来水较大,调度盘石头、小南海等水库全力拦洪,有效控制了卫河支流淇河、安阳河洪水,减轻下游防洪压力。

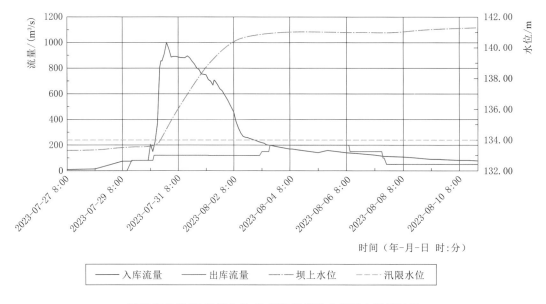

2023 年 7 月 27 日至 8 月 10 日漳河岳城水库洪水调度过程

(二) 滦河

2023 年汛期,滦河流域降水较多年同期偏少 70%,来水较少,整体偏旱,未发生编号洪水过程,潘家口、大黑汀水库持续处于较低水位运行。海河"23·7"洪水期间,滦河部分支流发生明显涨水过程。其中 8 月 2 日 5 时 40 分,澺河蓝旗营站洪峰流量 252m³/s;7 月 30 日 19 时,石河水库入库洪峰流量 721m³/s;7 月 30 日 18 时,洋河水库入库洪峰流量 356m³/s。潘家口、大黑汀水库累计拦蓄雨洪资源 2.81 亿 m³,为天津、唐山两市提供了坚实的水资源保障;同时,结合供水发电 4800 万 kW·h,为华北电网能源电力稳定供应提供了保障。

（三）徒骇马颊河

海河"23·7"洪水期间，徒骇马颊河系出现明显涨水过程，山东省水利厅先后发出调度指令 13 条，科学调度马颊河、徒骇河、德惠新河等市际边界拦河闸坝，确保洪水平稳下泄。其中马颊河王铺闸、李家桥闸、大道王闸分别于 7 月 29 日 8 时 24 分、7 月 29 日 6 时 30 分、7 月 28 日 18 时闸门提出水面；7 月 28 日 18 时，大道王闸最大过闸流量 227m³/s。德惠新河郑店闸、白鹤观闸分别于 7 月 29 日 19 时闸门提出水面、7 月 28 日 18 时闸门全开；7 月 28 日 18 时，白鹤观闸最大过闸流量 150m³/s。徒骇河刘桥闸、宫家闸、堡集闸分别于 7 月 30 日 6 时、7 月 28 日 15 时 24 分、7 月 29 日 6 时闸门提出水面；7 月 30 日 8 时，堡集闸最大过闸流量 221m³/s。

——— 第五节 组织协调 ———

党中央、国务院对海河流域防汛抗洪工作高度重视。习近平总书记亲自指挥、亲自部署，多次对防汛救灾工作作出重要指示，并主持召开中共中央政治局常委会会议，研究部署防汛抗洪救灾和灾后恢复重建工作，为做好防汛救灾工作指明了方向、提供了根本遵循。

《新闻联播》报道防汛救灾相关工作

2023 年 8 月 8 日，李强总理主持召开国务院常务会议研究防汛抢险救灾工作举措。

国家防总、水利部和流域有关省（直辖市）党委、政府认真贯彻习近平总书记对防汛救灾工作的重要指示精神和李强总理的批示要求，坚持人民至上、生命至上，坚决落实党政同责、一岗双责和防汛抗旱行政首长负责制，立足于防大汛、抗大灾，党政主要领导统一指挥、靠前指挥、坐镇指挥，全面落实事前、事中、事后领导责任，科学部署，组织动员各方力量开展防汛抗洪救灾工作。

海河防总、海委及流域有关省（直辖市）防指、水利部门坚持以防为主，关口前移，坚持流域"一盘棋"，强化"四预"措施，科学决策，统一调度，有力、有序、有效应对海河"23·7"洪水。

一、靠前指挥调度，落实防御措施

（一）水利部

水利部坚持防汛关键期工作机制，逐日滚动会商分析海河流域雨水情形势，安排部署防御工作。7月28日至8月4日，在洪水发生、发展和防汛抗洪的关键时刻，水利部部长李国英7次主持专题会商，逐河系针对性部署洪水防御工作。

7月29日，水利部部长李国英赴北京市、河北省、天津市检查北运河流域洪水防御准备工作，自源头沿北运河先后深入北京市十三陵水库、北运河支流坝河河口、宋庄蓄滞洪区、北关枢纽，河北省北运河香河段、土门楼枢纽，天津市北运河分洪河道青龙湾减河、狼儿窝分洪闸、大黄堡洼蓄滞洪区，详细了解流域防洪工程体系和防洪调度预案，现场就雨水情预报、防汛准备、工程调度运用与京津冀有关负责同志进行分析研判。李国英指出，当前北运河流域防洪已进入"临战"状态，要锚定"人员不伤亡、水库不垮坝、重要堤防不决口、重要基础设施不受冲击"的目标，全面动员、严阵以待，从最坏处打算，向最好处努力，打主动仗、打有准备之仗，在洪水来临前的窗口期抓紧把各项准备工作做细做实做足，让防御措施跑赢洪水速度，确保思想到位、责任到位、措施到位，坚决打赢暴雨洪水防御硬仗。海河防总要加强统一指挥、统筹协调，北京、天津、河北等3个省（直辖市）防汛部门要密切协作，共同做好流域防洪组织调度工作。

水利部部长李国英检查北京市十三陵水库防汛工作

水利部部长李国英检查天津市狼儿窝分洪闸

8月2日，水利部部长李国英赴海河流域永定河、大清河系，现场检查指导抗洪抢险工作。水利部部长李国英先后到永定河左堤赵村险工、大清河系北拒马河与南水北调中线工程交叉段、白沟河左堤东茨村段、南拒马河右堤东马营段、新盖房枢纽详细了解洪水演进情况，现场检查防险、抢险和流域防洪工程体系调度工作。李国英强调，当前海河流域防汛正在经历洪水演进过程，要毫不松懈地抓细抓实抓紧抓好重点地区、重点部位防御工作。要加强堤防和工程巡查防守，密切关注洪水退水期风险，特别是对交叉建筑物、穿堤建筑物等薄弱环节重点巡查，预置抢险力量、料物、设备，做到险情抢小、抢早、抢住。对发生险情的堤防和工程，要采取一切必要措施抢护险情，在上游加大洪水分泄流量，出险堤防在加紧抢护的同时，要同步构筑第二道防线，拒洪水于重点保护对象之外；出险工程要多措并举、抓紧修复，尽快恢复正常功能。要提前转移、妥善安置蓄滞洪区及受洪水影响人员，全力保障人民群众生命财产安全和社会大局稳定。

水利部部长李国英检查北京市永定河左堤赵村险工

　　8月22—23日，水利部部长李国英赴海河流域调研海河流域系统治理工作，先后深入永定河大宁水库，拒马河、小清河、大石河、白沟河部分河段，拒马河张坊水文站、南拒马河北河店水文监测断面、小清河蓄滞洪区和兰沟洼蓄滞洪区，现场与流域机构和地方有关负责同志一道复盘检视海河"23·7"洪水防御工作，深入研究流域系统治理思路。李国英指出，要坚持系统思维、底线思维，树立问题导向、目标导向，围绕把保障人民群众生命财产安全放在第一位的总要求，科学、系统、全面谋划海河流域系统治理方案。

水利部部长李国英调研河北省防洪工程综合治理工作

　　在防汛关键期，水利部副部长刘伟平每日主持会商，专题研究永定河洪水调度、白沟河左堤险情处置等，并赴南水北调中线工程现场指导防汛抢险工作，具体安排部署洪水防御工作。水利部防御司多次赴河北省、天津市指导地方做好水旱灾害防御工作。

水利部副部长刘伟平指导南水北调中线工程险情抢护

在洪水发生后，水利部副部长朱程清赴北京、河北受灾严重的地区调研农村饮水安全保障工作，详细了解灾区应急供水保障情况，与地方同志一起研究应急供水保障体系建设方案。

水利部副部长朱程清指导北京市门头沟区饮水安全
保障工作

水利部副部长陈敏调研海河流域漳卫河防洪治理有关工作，实地查勘了岳城水库、漳河大名泛区分洪口门、卫河龙王庙险工等工程，深入研究漳河、漳卫新河等工程建设方案，指导加快前期工作，推动工程尽早开工建设。

水利部副部长陈敏调研检查漳卫河防洪治理工作

（二）海河防总、海委

7月24日，据气象水文预报，台风"杜苏芮"可能于7月28日上午在福建、广东一带沿海登陆，预计本次台风具有强度大、水汽量足、影响范围广、持续时间长等特点，将主要影响海河流域徒骇马颊河和漳卫河。7月26日，海委主任乔建华带队赴山东德州、滨州等地检查徒骇马颊河系防汛工作。检查组查看了减马横河白桥闸、马颊河薛庄新河闸、马颊河孙马村闸、徒骇河坝上闸、漳卫新河冯家湾险工等工程，现场听取德州市水利局、滨州市城乡水务局及工程管理单位汇报，就做好防汛工作提出具体要求。

8月4—5日，海委主任乔建华带队赴东淀、西码头闸指导蓄滞洪区运用和洪水防御工作，就东淀洪水下泄及大清河主槽安全行洪等问题进行了多方协商，并达成一致意见，要求加强围堤巡查防守，扒除阻水堤埝，保障东淀蓄洪畅通。8月8日，乔建华带队检查独流减河防潮闸，要求做好值班值守，确保洪水安全入海。

海委工作组指导大清河西码头闸泄洪

在洪水防御期间，海委副主任韩瑞光多次赴永定河泛区、东淀蓄滞洪区、屈家店枢纽、永定新河防潮闸等地检查指导洪水防御工作。

海委工作组指导东淀蓄滞洪区围堤抢护

（三）流域各有关省（直辖市）

1. 北京市

7月31日，中央政治局委员、北京市委书记尹力到房山区查看河道堤坝、转移安置点、村庄等，检查防汛和群众转移安置等工作，之后又连续调度防汛防灾等工作。他强调，要深入贯彻落实习近平总书记对防汛救灾工作的重要指示精神，牢固树立底线思维、极限思维，始终把保障人民群众生命安全放在第一位，各级、各部门、各单位守土有责、守土尽责，不松懈不麻痹，以更加坚定的决心、更有力的举措全力以赴做好防汛防灾和转移安置等工作，坚决打赢这场受台风影响带来的防汛遭遇战，确保广大群众安全度汛，确保首都城市安全运行。北京市委副书记、市长殷勇一同调度。

各级领导把防汛抗洪作为当前压倒一切的任务，亲力亲为。分管副市长在水务专项分指全程指挥调度，其他市领导严格履行市级河长职责，现场检查指导防洪排涝工作。深入受灾严重的门头沟、房山、昌平、延庆等地区，查看水库、河道堤坝、转移安置点、村庄等处，检查防汛和群众转移安置等工作。

海河防总副总指挥、北京市副市长谈绪祥主持召开防汛会商会议

2. 天津市

7月28日以来，中央政治局委员、天津市委书记陈敏尔，市长张工多次召开市委常委会议、指挥部专题会议，连夜部署蓄滞洪区启用、群众转移安置、隐患排查整治等各项工作。

8月8—10日，陈敏尔深入静海区、滨海新区、武清区、西青区等地，查看河道堤坝、蓄滞洪区围埝和水情险情，指挥洪水调度、抗洪抢险、群众转移等工作。他强调，要深入贯彻落实习近平总书记对防汛救灾工作的重要指示精神，认真落实党中央、国务院决策部署，坚持人民至上、生命至上，做到守土有责、守土有方、守土有效，进一步筑牢城市防洪圈，全力保障洪水安全顺畅下泄入海。

成立前线指挥部，由张工担任组长，刘桂平、连茂君、李树起、衡晓帆、李文海、朱鹏、谢元、范少军、张玲等市领导分工负责，进驻相关区域，与各区一起开展工作。各部门通力协作，昼夜盯守，在转移安置、动员资源、抢险救灾等方面做了大量工作，坚持从全局谋划一域、以一域服务全局，坚决打赢防洪防汛这场硬仗。

海河防总副总指挥、天津市副市长谢元检查苗头排干渠

3. 河北省

河北省委书记倪岳峰、省长王正谱汛前连续组织召开省委常委会、省政府常务会、省长办公会、全省防汛抗旱工作会，并前往石家庄、雄安新区、沧州、邢台、衡水等地调研检查防汛抗旱工作。

进入汛期，各位省领导深入到分包的市和河系检查指导防汛工作。各级党委、政府认真落实主体责任，省、市、县、乡、村五级逐级签订责任书，织牢加密防汛抗旱责任网，主要领导亲自安排，分管领导靠前指挥，及时高效、扎实有序做好各项防汛准备工作。

7月28日，强降水发生前，倪岳峰组织召开全省防范应对强降水工作会议，进行战前动员，对防汛工作作出系统安排，提出明确要求；7月31日至8月2日，倪岳峰赴邢台市、保定市、雄安新区和涿州等地一线检查指导防汛抢险救灾工作。

7月28日、30日、31日，王正谱连续三次召开防指会议，连线相关市、县，会商雨情汛情，指挥调度应对工作，并赴保定、张家口、廊坊等地指导抢险救灾工作。常务副省长张成中先后赴邢台、廊坊、保定、张家口等市现场检查指导防汛工作。海河防总副总指挥、河北省副省长时清霜在省水利厅坐镇指挥15d、昼夜值守，分析研判雨情汛情，安排部署应对工作，调度解决突出问题。

各地党委、政府把应对海河"23·7"暴雨洪水灾害放到压倒一切的位置，党政领导赶赴汛情最重的地方，现场指挥调度，排查处置险情，组织群众转移，搜救失踪人员，与基层干部群众并肩战斗，充分发挥了指挥员和"主心骨"的作用。

海河防总副总指挥、河北省副省长时清霜在水利厅研究防汛工作

4. 山西省

山西省委书记蓝佛安、省长金湘军高度重视防汛抗旱工作，贯彻落实水利部和海委部署要求，统筹调度防汛抗洪力量，全省较好地应对了台风"杜苏芮"引发的暴雨洪水。

7月29日，蓝佛安到山西省气象局、省水利厅调度防汛工作，并对此次强降水多次作出明确批示。7月29日，金湘军召开全省应对极端强降水过程视频调度会，安排部署防范应对工作，并于7月31日赴阳泉、晋中查看灾情，一线调度防汛工作，慰问受灾群众。

7月28日下午，山西省水利厅就水利部的会商结果第一时间向省政府汇报，海河防总副总指挥、山西省副省长杨勤荣立即组织会商研判，随后连续多日坚守办公室及时调度指挥。7月29日，省政府又派出刘旸、汤志平、李成林、熊继军4位副省长连夜赶赴阳泉、晋城、忻州、晋中4市，一线督导检查防汛工作。

海河防总副总指挥、山西省副省长杨勤荣主持召开省防指专题会议

5. 河南省

根据气象预报，河南省委书记楼阳生、省长王凯分别就应对台风"杜苏芮"作了批示要求。

7月26—30日，楼阳生连续组织召开防汛会商会，周密安排部署台风防范应对工作。8月3日，王凯到鹤壁现场指挥调度防汛和蓄滞洪区运用工作。河南省防指建立4个前方指挥部，由4位省级干部分别带队到安阳、鹤壁、新乡、郑州等地区现场指挥。海河防总副总指挥、河南省副省长孙运锋多次召开防汛会商，研究制定应对方案，并前往鹤壁、新乡一线调度指挥。

海河防总副总指挥、河南省副省长孙运锋
赴辉县市检查指导南水北调工程防汛工作（峪河暗渠）

6. 山东省

山东省委书记林武、省长周乃翔汛前先后组织召开省委水利工作专题会议、防汛抗旱工作会议，分析研判形势，研究部署水旱灾害防御等工作，并亲赴防洪区域一线现场调研指导，强调必须提高政治站位，切实把保障人民群众生命安全放在第一位，全力以赴做好台风防御工作，努力将损失降到最低。

海河防总副总指挥、山东省副省长陈平多次主持召开专题会议，协调解决困难问题，并赴漳卫河、恩县洼滞洪区等现场检查。台风"杜苏芮"强降水前，林武、周乃翔分别作出批示，山东省副省长周立伟主持召开台风防御工作视频调度会，周密安排部署台风防范应对工作，陈平指挥协调防御应对工作，调度强降水区水情汛情工情及工作开展情况。各级、各部门强化会商研判，通力协作配合，有力有序应对台风暴雨洪水过程。

海河防总副总指挥、山东省副省长陈平
到聊城临清调研漳卫南运河防汛工作

二、加密巡查防守，紧盯薄弱环节

由水库、河道及堤防、蓄滞洪区组成的防洪工程体系是抵御洪水的中流砥柱，工程安全决定着防洪安全。在日常管理维护的基础上，当发生洪水时，为确保工程安全，对水库大坝、堤防、蓄滞洪区围堤隔埝等工程加强巡查防守，发现隐患及时处置是非常必要的。

按照《国家防总巡堤查险工作规定》，巡堤查险工作实行各级人民政府行政首长负责制，当江河湖泊达到警戒水位（流量）时，按照管理权限，由相应的防汛指挥机构组织巡堤查险队伍实施巡堤查险，遇较大洪水或特殊情况，要加派巡查人员、加密巡查频次。巡查防守要做到有队伍、有设备、有物料，有方案、有演练。

巡查防守是强化日常管理和及时发现险情的重要措施。只有及时及早发现险情，才能"抢早""抢小"，将可能的"大险"消灭在"小险"或萌芽状态，从而确保防洪工程及其保护区的安全。

在海河"23·7"洪水过程中，由水库、河道及堤防、蓄滞洪区组成的防洪工程体系发挥了巨大作用，各地强化工程管护，在永定河、大清河、子牙河、漳卫河部分河段、水库和蓄滞洪区持续高水位运行、长时间行洪蓄洪的不利情况下，加强巡查防守，预置力量，采取积极措施，确保了工程安全，为防汛抗洪胜利奠定了基础。

（一）海委直属工程巡查防守

在海河"23·7"洪水过程中，漳卫河发生较大洪水，海委漳卫南运河管理局紧盯防御薄弱环节和关键工程部位，加密巡查频次，重点关注穿堤建筑物、堤防不达标堤段等重点部位，以及新筑堤防和新建水闸等在建工程；划分巡查区段，落实巡查责任，明确巡查要求，增加夜间巡查频次，安排专人值守重点工程关键部位。及时发现问题、及时处理，切实做到"检查不停、整改不止"。洪水期间共组织巡查0.3万人次。

8月2日，共渠发生2处险情，海委工作组、卫河干流治理工程建设管理局、海委漳卫南运河管理局卫河局（以下简称"卫河局"）及浚县防汛抗旱指挥部有关领导和专家迅速赶往现场，现场会商并制定抢护方案，组织开展险情抢护。漳卫南运河管理局主要负责人连夜赶赴现场，亲临一线指挥抗洪抢险，安排部署巡堤查险各项工作。2处险情于当晚完成抢护，现场预置机械设备和物料，安排人员继续开展巡查检查，确保工程安全。

岳城水库管理局检查闸门启闭控制

漳卫南运河管理局职工在巡堤查险

漳卫南运河管理局卫河局连夜处置险情

海委海河下游管理局在应急响应期间，各有关单位加强应急值守，强化巡查检查，加强对水闸工程、河道及堤防、在建工程等防汛重点区域、部位的巡查检查，每日对水工建筑物、金属结构、固定卷扬式启闭机、电动葫芦、电气设备、观测设施以及附属设施、河道及堤防、在建工程等工程设施设备进行检查，工程巡查检查996次，发现问题及时处置并上报，细化海河防潮闸除险加固工程度汛措施，确保度汛安全和施工安全。

8月7日，大清河洪水水头进入独流减河，独流减河防潮闸管理处及时加强补充值班力量，按照"三班两运转"的模式进行值守巡查，每天组织开展4~6次工程设施巡查检查，确保工程设施设备正常运行，24h不间断观测闸门两侧水位变化，结合潮位对水闸实施精准调控，赶在低潮进行提闸泄洪，尽量延长开闸放水时间、降低河道水位，为承接上游洪水做足准备，最高单日泄洪达1.11亿 m^3。

海河下游管理局独流减河防潮闸
工程巡查人员夜间巡查闸门运行及泄流情况

（二）流域各有关省（直辖市）巡查防守

1. 北京市

汛前组织永定河、潮白河、北运河沿河各区及市属河道管理单位开展堤防分区划段及巡堤查险责任落实工作，共划分堤防巡查责任段89段，落实责任人89人。7月29日17时，市水务局发布洪水预警，相关河道及堤防巡查责任人按要求组织开展巡堤查险，在保证人员安全的前提下，有效确保了堤防安全，特别是永定河行洪期间的堤防险情能够早发现、早处置，全市累计开展堤防巡堤查险0.54万人次。

北京市王家元水库预铺设彩条布

永定河管理处水源工程管理所凌晨调拨物资

2. 天津市

天津市分河系编制了防汛抢险技术保障方案，明确行洪河道警戒水位以下由工程管理单位组织开展日常巡堤查险，警戒水位以上由属地防指组织巡堤查险队伍加密频次开展巡堤查险工作，工程管理单位作为属地防指成员单位配合。在"七下八上"防汛关键期，对重要设防部位加密频次开展徒步巡查。洪水防御期间，组织编制了《巡堤查险抢险工作方案》，分河系派出专家和技术骨干10组356人次，指导各区开展强降水应对准备、工程隐患排查和工程巡查。

由各区组织巡堤查险队伍实施巡堤查险，对大清河、子牙河、东淀蓄滞洪区、永定河、永定新河、永定河泛区外围堤、子牙新河、独流减河组织开展拉网式不间断巡堤查险工作，组织建立按照街镇分堤段桩号，每千米落实不少于2～6人巡查责任人，多组昼夜轮流的24h不间断拉网式巡查机制。根据实际情况每5～10组设置2～3名技术指导，并按照防汛行政责任人制度分段明确抢险责任人和抢险队伍，建立巡查责任人、技术责任人、行政责任人、抢险责任人四级花名册，共落实巡查人数0.85万人，应急抢险人数5.97万人，日均出动巡查人员0.55万余人次，巡查6200余km。洪水预测预报和专家研判情况，以市防指的名义统筹做好巡堤查险抢险工作，在充分保障其余河系退水安全的前提下，抽调专家和后备力量，针对大清河和东淀蓄滞洪区组织建立了技术巡查、流动巡查、定点巡查、专业巡查共590人的四级巡查队伍，与武警官兵、各级党员先锋队、中国安能建设集团有限公司援派力量等巡堤查险队伍互为补充，首尾相顾，通过徒步巡查、无人机巡检、地质雷达扫描、自动雷达水位监测等多种方式，24h多维度、大密度开展巡堤查险工作，快速处置问题和险情，筑牢了行洪安全防线。

天津市苗头排干渠搭筑子埝

天津市东淀大清河右堤加强巡查防守

3. 河北省

强化堤防日常巡查管护，配备必要的巡堤工具、器材，及时发现并处理各类安全隐患。当河道达到警戒水位（流量）时，按照管理权限由相应的防汛指挥机构统筹部门、企业、乡镇、村庄等机构和社会力量，组建专群结合的巡堤队伍，配齐巡查工具、设施，开展拉网式巡查。应对洪水期间，按照险情早发现、不遗漏的要求，全省出动巡堤查险人员150万人次，对永定河、北运河、南拒马河、白沟河、新盖房分洪道、滹沱河、滏阳新河、子牙新河、漳河等河道的堤顶、堤坡、堤脚、背水侧堤防工程管理和安全保护范围及临水侧堤防附近水域等区域进行全方位堤防巡查，特别是对堤身单薄段、超高不足段、堤后有坑塘段、历史重大险情段等堤段进行重点巡查，累计发现并处置135处小型险情。安排专人对闸门、涵洞、泵站等重要设施运行情况进行检查和值守，发现险情及时处置。

安格庄水库工作人员对水库大坝背水坡进行巡查

王快水库工作人员对王快—西大洋
两水库连通工程设施进行检修

4. 山西省

在海河"23·7"洪水防御期间，山西省大同、朔州、忻州、阳泉、长治5市累计派出183个工作组，共组织3.25万名干部、志愿者投入防汛救灾工作，落实人员转移，加强巡查管护，动员群众自救互助。提前预置611支应急抢险专业队伍，紧急调运排水抢险车辆250辆，抢险物资3868.35万元，有效处置山洪灾害518处，淤地坝36处，转移安置人员1.99万人。

山西省连夜检查小水库安全运行

5. 河南省

河南省水利厅安排 5 名厅级干部带领 19 个专家指导组，分赴海河流域 5 个省辖市，现场督导开展防汛抢险工作。根据降水形势变化，又增派专家赶赴新乡、鹤壁市指导防汛工作。安阳市、鹤壁市、新乡市各级水利部门落实工作责任，加强盘石头、小南海等水库巡查防守，重点关注河道险工险段和薄弱堤段，加密卫河、共产主义渠、安阳河、思德河、沧河、羑河等主要河道巡堤频次，尤其是针对汤永河四伏厂节制闸将出现超设计洪水情况，派出 12 名专家赴双石桥分洪口、四伏厂节制闸等进行现场指导，采取加固河道及堤防、搭建子堤等措施，保证河道行洪安全。累计开展堤防巡堤查险 1.8 万人次，有效处置各类堤防隐患险情 14 处，出动民兵 1.25 万余人次、预置民兵 1.5 万余人次、冲锋舟 245 艘、各类器材 1.2 万件、大型装备 2700 余台套、蓄滞洪区转移安置人员 27583 人。

河南省连夜检查河道安全行洪

6. 山东省

在海河"23·7"洪水防御期间，山东省聊城、德州、滨州 3 市累计出动巡查防守人员 0.13 万人次，昼夜坚守大堤，进行不间断巡查，发现隐患及时报告。同时，及时加固堤防，对漳卫河沿河险工险段、穿堤建筑物等重点部位完成了 24 处涵管封堵，对漳卫新河冯家湾险工等重点部位进行加固防护，确保防洪大堤安全。成立水利技术专家队伍 9 支，深入抗洪一线，指导沿漳各县（市、区）的洪水防御工作。累计出动消防救援队伍 2 支 36 人、专业抢险队伍 150 人，组织沿河乡镇群众救援队伍 1.2 万人集结待命，遇有险情随时出动。备足备齐抢险物资，动用大型机械 190 余台、运输车辆 80 辆，准备抢险物资 50 余万件，为抗洪抢险提供强力应急支撑。

聊城市水利局、漳卫南运河管理局聊城河务局
联合查看桥马庄险工段工程运行情况

三、强化沟通协调，加强技术指导

防汛工作是一个有机整体，上下游、左右岸、干支流相互关联，关系紧密。在此次海河"23·7"洪水防御过程中，水利部、海委始终坚持流域统一调度指挥，进一步凝聚水旱灾害防御合力，协同有关地方统筹上下游、左右岸、干支流实际，充分发挥流域工程体系综合效益，积极调处省、市间防洪问题，全力保障流域人民生命财产安全，赢得了这场防汛攻坚战的重大胜利。

在应对海河"23·7"洪水期间，水利部先后派出 26 个工作组、专家组，分赴北京、天津、河北、山西、河南等地和南水北调中线沿线督促指导防御工作。要求地方落实水库防汛"三个责任人"，逐库落实病险水库限制运用措施，强化堤防巡查值守，要求预置抢险物料，畅通泄洪通道，及时处置险情，确保蓄滞洪区人员安全转移，发挥了专业优势，提供了重要的技术支撑。

水利部总工程师仲志余率工作组连夜指导白沟河险情处置

水利部防御司工作组检查蓄滞洪区安全运用

水利部防御司工作组检查指导大清河防汛工作

水利部监督司工作组检查指导山西防汛备汛工作

水利部农村水利水电司工作组调研门头沟南辛房村供水
工程受灾和水毁修复情况

水利部运行管理司工作组检查指导流域防汛备汛工作

水利部水利工程建设司工作组检查指导流域防汛备汛工作

水利部南水北调工程管理司工作组检查指导
南水北调中线一期工程防汛抢险工作

水利部水文司工作组检查指导
北京市防汛工作

在此次海河"23·7"洪水防御过程中，海委各相关部门、单位和防汛职能组、专家组有关人员全部上岗到位，24h待命准备随时投入抗洪抢险工作。先后组派21个工作组、专家组赶赴北三河系、永定河系、大清河系、子牙河系、漳卫河系防御一线，紧盯水库、堤防、水闸枢纽等防洪重点部位，对巡查防守、应急抢险、省际协调等进行全程监督检查指导。深度参与白沟河左堤险情、东淀滩里干渠险情处置，确保重要堤防无一溃决，监督协调卫河水库调度，成功调处津冀关于东淀洪水下泄、大清河主槽安全行洪和子牙河行洪的不同诉求，全力保障行洪通道畅通，为水工程充分发挥防洪减灾作用、工程安全度汛等提供了强力技术支撑。技术专家作为抗洪抢险现场指挥决策者的参谋和智囊，关键时刻挺得住，紧急关头豁得出，用实际行动展现了水利专业技术人员应有的担当，为防汛抗洪胜利作出了贡献。

海委指导协调大清河东淀分区运用

海委防汛工作组指导蓄滞洪区安全运用

海委防汛工作组指导地方做好堤防加固

四、科学处置险情，确保流域安澜

在海河"23·7"洪水防御期间，各地有关部门及时有效开展工程险情抢护应急处置，有效控制了险情发展。据统计，流域各地及时处置堤防险情131处，确保了重要堤防无一决口，保障了流域安澜。

（一）白沟河左堤东茨村段险情处置

白沟河是大清河北支主要行洪河道之一，白沟河左堤按照100年一遇洪水标准进行治理。堤防起点位于河北省涿州市二龙坑，止于高碑店市白沟大桥，长度54.45km。

8月1日21时，据河北省水利厅报告，涿州市白沟河左堤东茨村段上游800m处排水闸处出现渗水险情，威胁白沟河左堤安全。

8月1日晚，水利部部长李国英连夜组织会商，沟通白沟河出险有关情况，连续印发5个通知，全面安排部署险情处置工作，对白沟河左堤险情抢护、雄安新区堤防守护、大兴机场安全度汛和蓄滞洪区工程巡查防守进一步提出要求，并要求举一反三，分析研判当前防洪突出风险，抓好重点部位防御工作。水利部仲志余总工程师率防汛工作组紧急向现场赶赴，连夜与保定市防指沟通了解险情情况。海委主任乔建华连夜组织专题会商，调度前期已派出的防汛工作组，火速开赴东茨村方向，做好抢险救灾技术指导工作，同时组派抢险专家组待命，做好赶赴出险地点支援抢险准备。

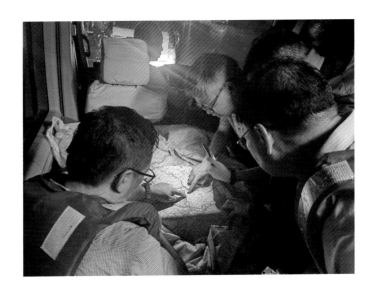

水利部工作组连夜研究制定险情处置方案

8月2日凌晨，水利部副部长刘伟平电话向工作组传达了水利部会商部署安排，要求督促地方连夜抢险，同时在适当位置扒口，扩大向兰沟洼蓄滞洪区分洪，尽快降低白沟河水位。

水利部副部长刘伟平深夜研究险情处置方案

8月2日1时，海委组派的水文应急监测队赶至东茨村，在道路中断车辆无法驶入的情况下，徒步涉水，抵达东茨村桥断面进行现场查看，抢测水文数据，实时报送相关部门，为抢护工作提供第一手资料。

8月2日，水利部部长李国英赶赴险情前线，组织水利方面专家、应急救援队伍及施工单位查看白沟河水情、堤防工情和险情处置工作进展，对险情进行研判，迅速提出人员转移避险方案和应急抢险措施。李国英要求加快构筑"三道防线"，督促地方在白沟河右堤合适位置再扒口分洪，进一步减轻左堤险段压力；抓紧封堵并加高加固月牙堤，稳固第二道防线；利用东西向的廊涿高速公路、南北向的京雄高速公路，构筑第三道防线，封堵道路涵洞形成封闭区域，确保雄安新区及周边地区安全。经过 26 个小时的昼夜鏖战，8 月 3 日 12 时 7 分，完成了白沟河左堤险情处置。

加紧封堵月牙堤构筑第二道防线现场

（二）北拒马河暗渠工程险情处置

北拒马河暗渠工程位于河北省涿州市东城坊镇西疃村、北京市房山区大石窝镇南河村及惠南庄村，是南水北调中线干线工程穿越北拒马河中支、北支的大型交叉建筑物。暗渠为两孔钢筋混凝土箱涵结构。

7 月 30 日 22 时，洪水水头到达北拒马河中支白沙滩断面；7 月 31 日 10 时 50 分，北拒马河中支白沙滩断面流量增大到 $970m^3/s$，达到警戒水位，后续过流逐渐增大；7 月 31 日 22 时 20 分，拒马河上游张坊水文站洪峰流量达 $7330m^3/s$，仅次于 1963 年（洪峰流量为 $9920m^3/s$），位于拒马河支流龙安沟上的宋各庄水库下泄最大流量 $709m^3/s$，考虑区间汇流情况以及实测中支分流与初设差异较大因素，经校核，北拒马河中支白沙滩断面洪峰流量 $5290m^3/s$，超过原设计中支河道 300 年一遇校核洪水标准。由于近年来河道河势发生较大改变，洪水造成拒马河中支与暗渠工程交汇河道北岸边坡漫溢溃堤，在原主河床和防护堤外冲刷形成一条百余米宽的深沟，短距离内水流落差较大，导致严重溯源冲刷，对河道外暗渠基础产生严重淘刷。8 月 1 日 7 时 20 分，桩号 BH0＋270 至 BH0＋405 共 9 节管涵（长约 135m）倾斜、下沉、错位，河道洪水渗入惠南庄泵站前池。8 月 1 日 10 时 18 分，惠南庄泵站主动停机。

洪水威胁中线工程北拒马河暗渠运行安全

北拒马河暗渠险情发生后，水利部立即作出安排部署。8月2日，水利部部长李国英到现场查看险情，并提出抢险及修复"三步走"工程策略。一是采取架设旁通管道的抢通措施，在最短时间内实现中线工程向北京市临时供水；二是抓紧研究制定修复方案，积极创造抢修施工条件，争分夺秒恢复中线工程向北京市正常供水能力；三是全面复盘检视中线工程洪水防御存在的不足，坚持系统思维、底线思维、极限思维，按设计标准积极稳妥谋划中线穿越拒马河第二通道，作为安全备份确保中线工程长久安全。水利部副部长刘伟平第一时间赶赴工程现场指导应急抢修，水利部副部长王道席现场指导工程修复工作。

水利部部长李国英指导南水北调工程险情抢护

水利部副部长王道席指导北拒马河暗渠中支修复工程

水利部副部长刘伟平指导北拒马河暗渠中支抢险工作

按照水利部部长李国英提出的"三步走"目标，中国南水北调集团有限公司迅即反应，制定 20m³/s 的应急输水方案，实施汛期河道导流，铺设穿越北拒马河中支的连通管线，并架设临时泵站。于 8 月 10 日实现截流围堰合龙；8 月 11 日实现向北京应急输水，供水流量近 5m³/s；8 月 25 日顺利实现向北京应急供水流量 20m³/s，实现了"三步走"的第一步目标。10 月 6 日，暗渠修复主体工程完工，10 月 26 日、11 月 1 日暗渠左右线先后开始充水试验，工程具备恢复向北京正常供水能力，11 月 10 日暗渠修复顺利并通过水利部组织的通水验收、全面恢复向北京正常供水，实现了"三步走"的第二步目标。

南水北调中线穿拒马河应急工程

北拒马河暗渠抢险修复项目主体工程完工

　　为落实水利部部长李国英"三步走"的第三步目标,水利部组织海委、北京市、河北省及中国南水北调集团有限公司等有关单位召开协调会,从系统治理的角度,统筹考虑上下游、左右岸,并考虑北拒马河南支和南拒马河河渠交叉建筑的防护情况,实施北拒马河防护加固项目,夯实安全度汛基础。

五、加强新闻发布,回应社会关切

　　这场洪水为1963年以来海河流域发生的最大洪水,作为一个严重的自然灾害事件,影响面广,社会关注度高。做好宣传工作,不仅是及时发布水情汛情灾情,回应公众关切,更重要的是凝聚全社会的力量,合力抗洪救灾。

　　水利部高度重视海河流域防洪新闻发布工作,水利部部长李国英对做好相关工作多次进行部署。水利部组织召开新闻发布会,发布海河"23·7"洪水权威防御信息,并通过各大媒体及时、持续播发最新消息。

水利部新闻发布会介绍海河"23·7"洪水防御情况

　　应急响应启动后，海委加密流域雨水情信息发布频次，加大社会公众关心关注问题的科普宣传力度，组织协调防御、水文有关负责同志和权威专家，接受媒体采访，回应公众关切。

海委防御、水文专家接受媒体采访

中央电视台报道海河流域防汛情况

　　流域各省（直辖市）通过各大媒体开展立体的、多层次的宣传报道。北京市、天津市、河北省围绕隐患排查、会商决策、值班值守、工程调度、抗洪抢险等工作情况，主动准确发声，及时播发洪水防御有关信息，在宣传防汛工作的同时，引导社会公众加强防范，及时避险。

第四章

经验与启示

9月26日，随着东淀蓄滞洪区完成退水，海河"23·7"洪水过程结束。在洪水防御期间，水利部及海委会同流域各有关省（直辖市），坚持以流域为单元，统筹上下游、干支流、左右岸，科学调度，最大程度发挥了流域防洪工程体系的防灾减灾效益，最大限度减轻了洪水影响和损失，防御洪水工作取得重大胜利，积累了宝贵经验。

一、党中央、国务院的坚强领导和正确决策是取得防汛抗洪胜利的根本保证

在这场流域性特大洪水防御中，党中央、国务院始终是决策中心、指挥中心。

习近平总书记亲自指挥、亲自部署，多次对防汛抗洪作出重要指示，强调各级党委和政府要全面落实防汛救灾主体责任，各级领导干部要加强应急值守、靠前指挥，坚持人民至上、生命至上，守土有责、守土负责、守土尽责，切实把保障人民生命财产安全放到第一位，努力将各类损失降到最低。主持召开中共中央政治局常务委员会，研究部署防汛抗洪救灾和灾后恢复重建工作。习近平总书记在北京、河北考察灾后恢复重建工作时，强调要始终坚持以人民为中心，坚持系统观念，坚持求真务实、科学规划、合理布局，抓紧补短板、强弱项，加快完善防洪工程体系、应急管理体系，不断提升防灾减灾救灾能力。

李强总理批示，要求认真贯彻落实习近平总书记重要指示精神，各有关方面要进一步加强监测预警和巡查值守，落实落细各项防汛防台措施，切实保障人民群众生命财产安全。主持召开国务院常务会议，研究部署做好防汛抢险救灾、群众生活保障和灾后恢复重建工作举措。

按照党中央、国务院的决策部署，国家防总及相关部门迅速行动。水利部部长李国英、副部长刘伟平密集会商，周密安排海河流域洪水防御工作。海委充分发挥流域管理机构和流域防总办公室职责，立足流域防汛工作全局，坚持流域统一调度指挥。流域各地各级领导靠前指挥、组织协调，广泛凝聚起防汛抗洪的强大合力。

二、中国特色社会主义制度优势是战胜洪涝灾害的关键所在

社会主义制度的优势在于党的集中统一领导的核心地位，在于人民至上这一根本价值追求，在于集中力量办大事。面对肆虐的洪水，党中央、国务院第一时间作出部署，各级党委、政府以及各部门迅速行动，统筹协调各领域、各层级资源，集中各方力量办大事、办急事、办难事。一方有难，八方支援。水利干部职工、解放军和武警部队官兵、消防队员、社会救援团体、企事业单位职工、沿河两岸人民群众积极投入抗洪一线，转移人员、驻堤防守、昼夜巡查，展现出了强大的中国力量、中国精神、中国效率，交出了一份出色答卷。

三、完善工程体系、夯实基础是做好水旱灾害防御工作的重要保障

习近平总书记强调，要补好防灾基础设施短板，加快构建抵御自然灾害防线。在此次洪水防御过程中，水库、河道及堤防、蓄滞洪区等防洪工程发挥了重要作用，大、中、小各类水库无一垮坝，重要堤防无一决口，最大程度保障了人民群众生命财产安

全。在 2023 年防汛备汛过程中，通过召开汛前准备动员部署会议和海河防总及海委各层级防汛会议，持续完善方案预案，组织防洪调度演练，开展防汛检查，落实组织管理、防洪"四预"、物料储备等各项措施，为取得防洪胜利提供了坚实保障，确保了相关地区及重要基础设施安全。

四、强化"四预"措施是精准做好防汛调度决策的有效支撑

在水利部的领导下，海委及流域内各有关水利部门坚持"预"字当先、关口前移，持续强化预报、预警、预演、预案"四预"措施，构建纵向到底、横向到边的水旱灾害防御矩阵。采用"天空地"立体式雨水情监测体系，初步构建了雨水情监测预报"三道防线"，加强降水预报和洪水预报耦合，为打好这次特大洪水防御"主动仗"提供了有力支撑。19 部天气雷达实时信息、4 部水利测雨雷达数据的接入和应用，在"云中雨"阶段实现关口前移、防线外推；5302 处雨量站提供的总降水量、降水的空间分布和时程分布等信息，为"降水—产流—汇流—演进"的预测分析提供信息支撑；8400 余个报汛站点、视频、遥感及无人机影像等大量实时信息对洪水预报成果进行滚动更新，同步优化模型参数，流域主要控制断面 24h 预见期洪水预报精度达 80% 以上。构建二维水力学模型，开展永定河泛区、东淀等蓄滞洪区洪水演进模拟，开展"以测补报"，实时根据监测成果优化预报结果，精准度得到大幅提升，为调度决策提供强力支撑。

五、统一调度、科学调度是最大程度发挥水工程效益的重要途径

在水利部的指导下，海委及流域各省（直辖市）立足流域单元，统一调度指挥，优化组合由水库、河道及堤防、蓄滞洪区组成的流域防洪工程体系，最大程度发挥效益。洪水来临前，督导各地调度水库、河网预泄，为迎战洪水腾出空间。洪水来临时，组织大中型水库充分拦洪，最大拦蓄 28.5 亿 m³，减轻下游压力；科学调度北运河北关、土门楼和永定河卢沟桥等关键水闸枢纽，合理分泄洪水，确保河道及堤防平稳行洪；根据雨水情和汛情发展，滚动分析研判，预判多个蓄滞洪区的启用，提前督导有关地方做好各项准备工作，特别是对于东淀蓄滞洪区，反复确认关键环节，提前 48h 为决策启用提出明确意见，赢得主动，8 处国家蓄滞洪区最大蓄洪 25.3 亿 m³，大大削减了河道洪峰流量，使洪水经河道平稳下泄入海，确保了防洪保护区安全，最大限度减少了灾害损失。

六、团结治水、协同抗洪是最大限度减轻灾害损失的重要法宝

防御流域性特大洪水是一项复杂的系统工程，要实现上下游、左右岸、干支流协调联动，流域组织协调至关重要。在水利部的领导下，海委按照流域"一盘棋"的

思路，充分发挥流域管理机构和流域防总办公室职责，积极调处省、市间防洪问题。多次就做好蓄滞洪区行洪障碍清除、上下游信息互通共享等作出安排，有效解决永定河泛区省界附近龙河口门运用、东淀阻水堤埝开卡及大清河主槽行洪问题。组派多个工作组、专家组奔赴一线，对巡查防守、应急抢险等进行监督指导，促使流域各地达成最优解，广泛凝聚了防汛抗洪合力。

媒 体 聚 焦

"防"在"汛"前
海委科学调度防御流域性大洪水

"当前，虽然上游洪水逐步消落，但有关蓄滞洪区运行、下游地区防汛形势依然严峻，要时刻保持防汛关键期状态，以钉钉子精神毫不松懈持续做好后续工作。"海河防总常务副总指挥、海委主任乔建华说。

8月7日夜，水利部海河水利委员会（以下简称"海委"）防汛会商室灯火通明，大家目不转睛紧盯水情会商系统，乔建华组织开展滚动会商，与水利部以及地方水利部门视频连线，从严从实从细做好洪水防御工作。

受7月28日以来强降雨影响，海河流域北三河、永定河、大清河、子牙河、漳卫南运河5大水系有21条河流发生超警以上洪水，其中6条河流超保、8条河流发生有实测资料以来最大洪水。海委密切关注洪水演进过程，加强会商研判，科学精细调度干支流水库，削减洪峰势头，最大限度减少灾害损失。

雨水情监测"三道防线"缓解下游河道泄洪压力

受强降雨影响，子牙河、大清河、永定河暴雨洪水量级大。

"此次海河流域洪水大约会有25亿立方米从天津下泄，主要来自北运河、永定河泛区、东淀蓄滞洪区和白洋淀，目前洪水走了3亿立方米至5亿立方米。"海委水文局情报预报处副处长、首席预报员杨邦介绍。

"此次极端强降雨持续时间长、覆盖范围广、累计雨量大、降水强度强。"海委水旱灾害防御处处长杨志刚说，"我们有效督促有关地方压实主体责任，提前做好计划启用的蓄滞洪区的群众转移避险及安置工作，确保人民群众生命财产安全和社会大局稳定。"

据悉，海委充分运用气象卫星和测雨雷达、雨量站、水文站组成的雨水情监测预报"三道防线"，采取"预报、预警、预演、预案"四预措施，做到逐河、逐库、逐站精细化滚动洪水预报，精准指导永定河泛区、小清河分洪区、兰沟洼、东淀等蓄滞洪区的分洪运用，大幅削弱洪峰，极大缓解了下游河道泄洪压力。

当前，海河流域正处在洪水消退期，海委持续保持高度警惕，精准把握永定河、大清河、子牙河等河流的洪水总量和演进过程。

155 座大中型水库全部投入防洪运用 最大拦洪 21.4 亿立方米

7 月 29 日以来，海委先后向流域水行政主管部门就河道闸坝调度、水库安全度汛等工作密集作出安排部署，指导京津冀 79 座大中型水库全部投入防洪运用，科学拦蓄洪水超 24 亿立方米，其中岗南、黄壁庄、西大洋水库削峰率分别近 100%、74%、94%，有效发挥了水库拦洪、削峰、错峰作用，减轻下游防洪压力。

"7 月 28 日以来，海河流域 155 座大中型水库全部投入防洪运用，海委联合调度 33 座山区大型水库预泄腾库，全力迎峰御洪，最大拦洪 21.4 亿立方米。"杨志刚介绍。

据了解，海委已统筹指导独流减河、永定新河等骨干河道分泄洪水，及时启用 8 个蓄滞洪区蓄洪行洪缓洪，充分发挥了水工程的拦、分、蓄、滞、排综合作用，实现了流域防洪工程体系防洪减灾效益的最大化。

"我们这里每天巡查 4 次，根据海委统一调度，7 月 29 日起提闸泄水，目前进洪南、北两闸 36 孔闸门全部提起，时流量约为 1300 立方米每秒。"8 月 9 日，海委海河下游管理局独流减河进洪闸管理处处长张松涛说。

东淀蓄滞洪区内的洪水将主要从独流减河进洪闸下泄，南、北两闸设计流量为 3600 立方米每秒，闸门高度将根据洪水水位精准调整，始终保持在水位 1 米以上，确保洪水有序通过河道。

独流减河防潮闸把守着海河流域大清河系下游独流减河的入海口，大清河系的绝大多数洪水从独流减河防潮闸入海，此次为减轻天津市区海河干流防洪压力，全部大清河洪水都经独流减河防潮闸入海，它位于独流减河进洪闸向下游 67 公里处。当潮水上涨，防潮闸闭闸挡潮；当潮水下退，防潮闸 22 孔闸门全部开启，全力下泄大清河水系的洪水排入渤海。

"从 7 月 28 号，海河下游局启动四级响应以来，防潮闸的职工加强 24 小时在岗值班值守力量，每天逢低潮要两次运行防潮闸下泄洪水。目前累计下泄的洪水量已经达到了 3.4 亿立方米。"海委海河下游管理局独流减河防潮闸管理处处长邢军说。

（来源：人民网）

"蓄滞洪区是当前防洪聚焦点"
——冀津东淀蓄滞洪区见闻

"海河流域发生流域性大洪水，现阶段进入洪水演进期，你最关心的防洪是哪块？"

"蓄滞洪区是关心重点，尤其是地跨河北、天津的东淀蓄滞洪区。这个蓄滞洪区很关键，自8月1日启用以来，已经蓄滞了约6亿立方米的水，最终全部的水量保守估计将在10亿立方米以上。"

5日，当记者就海河流域防汛抗洪问题采访水利部海河水利委员会水旱灾害防御处处长杨志刚时，他强调蓄滞洪区是当前防洪聚焦点。海河流域应对此次洪水共启用了8个蓄滞洪区，东淀蓄滞洪区入水量最多。

涉及河北省霸州市、文安县和天津市静海区、西青区的东淀蓄滞洪区，东西长约66千米，南北宽2.5千米至9千米，滞洪总面积379平方千米。作为大清河水系主要的蓄滞洪区之一，它也是海河流域运用概率最高的蓄滞洪区之一，对防御大清河洪水、保卫天津市和京九铁路的安全起着重要作用。

记者来到位于河北雄县的新盖房水利枢纽。大清河洪水正是通过新盖房水利枢纽分洪闸、溢流堰，经新盖房分洪道进入东淀蓄滞洪区的。

从分洪闸过水量来看，与前几天的高峰期相比略有减少。但顺着分洪道进入东淀蓄滞洪区，记者看到田地全在水下，部分地处较低地势的房子已经淹至一层。

沿着蓄滞洪区前往天津静海区台头镇途中，记者遇到海委水文局水文应急监测小分队队长韩朝光等人在大清河上测流作业。本次汛情中，海委水文局强化和加密水文测量，滚动开展洪水预报。早在7月26日，他们便根据测报研判东淀蓄滞洪区存在较大启用可能。他们通过二维水力学演算，预演洪水演进及退水过程，为防汛决策提供技术支撑。

当8月1日国家防总启用东淀蓄滞洪区后，台头镇发布了全镇18个村庄人员撤离的通知。至3日12时，包括台头镇撤离人员在内，天津静海区东淀蓄滞洪区的3万余名群众完成安置转移。

记者途经台头镇时，镇上静悄悄，除了维持秩序的人员之外，几乎看不到其他人。海委水文局首席预报员杨邦告诉记者，目前东淀蓄滞洪区水头已经到达天津，过水面积约占蓄滞洪区面积的四分之三，预计8月5日晚至6日凌晨到达排泄东淀蓄滞洪区洪水的主要水利工程——独流减河进洪闸。

独流减河进洪闸在东淀蓄滞洪区最东端，是大清河、子牙河、南运河等上游来水的入海通道。

"从 7 月 29 日闸门运行以来，目前进洪南、北两闸闸门敞泄。5 日 8 时流量为 558 立方米每秒。随着水位上涨，流量不断增加，最近两天水位持续上涨。"独流减河进洪闸管理处副处长刘得银说。

后续东淀蓄滞洪区内的洪水将主要从独流减河进洪闸排出，南、北两闸设计流量为 3600 立方米每秒，工作人员表示将根据洪水水位精准调整，闸门始终保持在水位 1 米以上。

刘得银说，独流减河进洪闸下游 67 千米处是独流减河防潮闸。进洪闸和防潮闸的工作人员建立密切联系，每天就泄水情况和上下游水位进行两次沟通，遇紧急情况实时连线，确保正在由上中游向下游演进的洪水安然入海。

"此次海河流域洪水大约会有 25 亿立方米从天津下泄，主要来自北运河、永定河泛区、东淀蓄滞洪区和白洋淀，目前走了 3 亿～5 亿立方米。"杨邦说，预计独流减河进洪闸泄流洪峰届时将达 1100 立方米每秒，东淀蓄滞洪区退水将超过 2 个月。

（来源：新华网）

新闻1＋1|京津冀罕见强降雨　防汛关键期还要注意什么？

受台风"杜苏芮"影响，京津冀地区遭遇极端罕见强降雨。如今三天时间过去，降雨虽然趋于结束，但是更多防汛救灾工作，却也进入了关键时刻。如何应对各种考验，眼下最需要关注的信息都有哪些？相关工作又在怎样推进？今晚连线水利部海河水利委员会水文局情报预报处副处长杨邦；天津市防汛抗旱指挥部办公室副主任、应急管理局副局长王勇，继续关注：京津冀的罕见强降雨！

超 400 亿立方米

海河流域 4 天降雨量相当于全年 1/4

水利部海河水利委员会水文局情报预报处副处长 杨邦：水文上，降水量是指地表接收到单位面积上在一定时间内降水的总量，通常用毫米作为单位，通俗讲就是把某一地区的降水总量摊平在这个地区上，形成一个高度，当然这是用毫米来定义。降水的总量相当于高度的降水乘以流域或者地区面积，这样相当于一个量的概念。那么，400 亿立方米实际上是一个量的概念，目前海河流域的总面积是 32 万平方公里，截至目前统计的水量是 419 亿立方米。摊到海河流域 32 万平方公里上，形成的高度是 131 毫米。这里有一个概念，从多年平均的角度来看，海河流域的平均年降水量只有 525 毫米，那么这 4 天过程的降雨就相当于海河流域全年降水的四分之一。另外，海河流域的降水通常也是集中在 6 月到 9 月的汛期，相当于全年降水量的 80%，大约是 409 毫米。这次过程的降水，相当于整个汛期降水的三分之一。所以，足见这次降水的强度和水量是相当大的。

海河正在经历"1996 年大洪水以来最严峻考验"

水利部海河水利委员会水文局情报预报处副处长 杨邦：目前来看，受台风影响，海河流域的子牙河系、大清河系、永定河系分别发生了编号洪水，多条河流的水位超过了警戒水位，部分河流超过保证水位。目前强降雨已经基本趋于结束，但流域的防汛正在经历洪水的演进过程，防洪工程体系正在经历 1996 年流域大洪水以来最严峻的考验。上游水库拦蓄洪水，大多处于高水位运行，急需大流量的泄洪。同时，下游河道的行洪能力也是有限的，行洪压力非常大。此外，多个蓄水洪区相继启用，人员转移也多，经济损失也比较大。

海河流域已启用 6 个蓄滞洪区

涉 200 万人，总面积 3389.5 平方公里

水利部海河水利委员会水文局情报预报处副处长 杨邦：随着汛情的发展，截至目前，海河流域已经启用宁晋泊、大陆泽、小清河分洪区，兰沟洼、东淀、献县泛

125

区，一共 6 个蓄滞洪区，共涉及 200 万人，蓄滞洪区总面积为 3389.5 平方公里。蓄滞洪区的启用，是有着严格的启用程序，对于社会影响是非常大的，在正式启用之前，还要组织好人员做好转移工作。

北京第一次动用 1998 年建成的滞洪水库

如何缓解下游影响？

水利部海河水利委员会水文局情报预报处副处长 杨邦：永定河上游有卢沟桥枢纽，卢沟桥枢纽包括拦河闸和分洪闸。其中拦河闸是向下游河道分泄洪水的主要通道，同时为了减轻下游河道的行洪压力，遭遇大的洪水的时候，根据国家防总批复的永定河洪水调度方案，部分洪水通过分洪闸，卢沟桥的分洪闸进入到大宁水库和永定河的滞洪水库，临时滞洪，相当于拦住一部分水，它总的库容是 8000 万立方米。本次洪水过程，大宁水库还有永定河滞洪水库，共拦蓄洪水 7400 多万立方米，发挥了重要的滞洪作用，在一定程度上也减轻了下游永定河泛区的淹没损失。

时隔 60 年，永定河泛区再启用！

天津已转移 3.5 万多人

天津市防汛抗旱指挥部办公室副主任、应急管理局副局长 王勇：①在天津境内，永定河泛区涉及 35000 多人，主要是集中在武清区和北辰区。②永定河泛区 60 年没使用了，人民群众对洪水的危害性还存在认识不够的情况。另外，泛区人民的生活这些年也有了长足进步，个人资产包括一些其他的因素，也使得老百姓对转移还存在着一定的疑虑，这也是我们转移撤离泛区人员最大的困难。③在使用这个泛区之前，我们要做好几方面准备，一是要通过各种细致的工作，安全地把所有泛区内的群众转移走，不留一个人。第二个就是转移之后，我们要对泛区里的各种设施进行周密检查，包括电力、管道、加油站等等，这些设施都要进行周密部署，防止在泛区使用过程中，出现其他次生灾害。同时泛区一旦使用，安全风险也比较大。我们要严格管理好泛区，加强管控，避免老百姓误入泛区带来生命危险。

台风"卡努"已上路，防汛关键期还要注意什么？

水利部海河水利委员会水文局情报预报处副处长杨邦：①前期我们已经经历了一次比较大的降水过程，如果后续台风"卡努"再叠加上来，前期的土壤已经比较湿了，降雨更容易形成洪水。②我想提醒的是，一定要有忧患和风险意识，抓住空档期，做好我们的一些水利工程调度。因为前期蓄的水位比较高了，通过一定科学的调度，把水库降到一定的水位，迎接下一次的洪水。③同时，我们要做好精准的预测预报。④另外，做好堤防抢险的工作，把整个后续的洪水防御提前准备起来，因为风险时刻都是存在的。

（来源：央视新闻客户端）

水利部门：毫不松懈守住水旱灾害防御底线

7月底8月初，面对海河流域性特大洪水，水利部门持续强化预报、预警、预演、预案措施，科学精准调度海河流域防洪工程体系，充分发挥各级党组织战斗堡垒作用，争分夺秒与洪水较量，全力保障人民群众生命财产安全、降低灾害风险损失，在滔滔洪浪中扛牢防汛天职。

汛情就是命令，时间就是生命。在断水、断电、断网、断路等多重困难下，位于北京市门头沟区雁翅镇的雁翅水文站全体职工仍冲锋在前，在湍急的水流中抢测洪水过程，通过卫星电话将宝贵的水文资料传递出去，完整记录了永定河山峡段自1956年有实测记录以来最大的洪峰过程，尽管人员"被困"六天五夜，但雁翅水文站的水文数据从未中断，为下游调度提供了重要的决策依据；在洪水上涨至缆道房、水深四五十厘米的情况下，北京市房山区大石河上的国家重要报汛站漫水河水文站全体职工坚持完成测流任务，他们从被淹没的站房中抢出关键设备和重要资料并转移至上游铁路桥继续施测流量，坚持每一小时一报汛，7名职工在湍急的洪水中被困6个小时，直至获救；拒马河上的水利部海河水利委员会（以下简称"海委"）都衙水文站测验设施全部冲毁、通信全部中断，职工依然坚持通过备用水尺观测水位、施测流量，用卫星电话与后方取得联系后，他们第一句话不是报平安，而是报水位。

科学的决策调度需要更多及时可靠的水文数据，水文测报一刻也不能停！在雁翅等重要水文站遭遇水毁、报汛困难的紧急时刻，水文应急监测队冲锋在前，向险而行，及时支援一线，增设应急监测断面，强化关键节点水情监测，千方百计保证水文信息不中断。

在应对海河流域性特大洪水的过程中，海委、北京、天津、河北、山西、河南等水文部门抽调技术骨干共组建70余支应急监测队，累计出动1600余人次紧急驰援、顶风冒雨、踏浪测洪，动态监测永定河、大清河、子牙河等水系水情走势，跟踪洪峰位置，为防汛调度决策提供了重要支撑。

7月底，短时间内的强降雨导致永定河流域的斋堂水库水位快速上涨。"斋堂水库一度超汛限水位11.3米，在最大入库流量935立方米每秒的情况下，相应出库流量仅300立方米每秒，削峰率达67.9%。"北京市水务局永定河管理处主任陶海军用"惊心动魄"形容当时的调度过程，"斋堂水库充分实现了设计时的调蓄功能，为下游门头沟区4300余名群众转移赢得了时间"。

水库调度是非常精细的过程。"最频繁的时候10多分钟就得调一次闸。"为了第一时间执行调度指令、随时汇报情况，斋堂水库管理所机闸维护组工作人员孙雪峰和同事们一直守在闸室里，最紧张的时候，一晚上都不敢合眼。

在海河流域，所有水库的工作人员坚守着水库安全。与此同时，水利部门下足"绣花"功夫，"一个流量、一方库容、一厘米水位"地精细调度水库。"这次防御流域性特大洪水过程中，海河流域京津冀有 84 座大中型水库投入拦洪，总量超过 28.5 亿立方米。初步统计，通过科学精细调度，避免了 24 个城镇、751 万亩耕地受淹，避免了 462.3 万人转移，充分发挥了流域防洪工程体系综合减灾效益，极大减轻了下游防洪压力。"水利部水旱灾害防御司副司长王章立告诉记者。

东淀是海河流域大清河系主要蓄滞洪区之一。迎战洪水期间，由水利部、海委多位专家组成的专家组坚守东淀，在一线指导防汛。"我们要发挥好专业优势，险情不除，决不收兵！"专家组组长、海委总工程师梁凤刚说。

专家组制定周密的巡查计划，针对可能出现的险情开展现场"会诊"，核实情况、搜集数据、分析研判、给出专业意见，足迹遍布河北省霸州市、文安县和天津市静海区范围内东淀蓄滞洪区的每个角落、每个控制性节点。持续奋战在一线近 20 天，只为让东淀洪水平稳入海，切实保障人民群众生命安全。

这是争分夺秒的较量——子牙河、大清河、永定河暴雨洪水量级大，汇流速度非常快，若不能及时启用部分蓄滞洪区，将造成河道水位壅高，洪水漫溢，对人民生命财产安全造成不可估量的巨大威胁。

在水利部的部署下，海委连夜进行洪水预演，与天津、河北等地反复磋商，在做好人员转移的前提下，大陆泽、宁晋泊、小清河分洪区、兰沟洼、东淀、献县泛洪区、永定河泛区、共渠西蓄滞洪区等八处蓄滞洪区相继启用，合计最大蓄洪 25.3 亿立方米，削减了洪峰、分泄了洪量，极大减轻了下游地区的防洪压力。

争分夺秒战洪水，千方百计保供水。在房山西北部山区，供水抢险队深入大安山乡施工作业，队员带着安全绳、在近 50 度的陡峭山坡上牵引布设给水管；内蒙古水利厅协调安排乌兰察布市水利局连夜从各旗县市区抽调多辆应急水车支援河北涿州；天津安全转移蓄滞洪区可以撤出的农村供水设施，对人员返迁的供水保障提前部署……

洪水中、大坝上、闸室里、灾后抢险保供水现场……涛峰浪尖，水利人始终冲在一线书写使命担当。目前，海河流域各河系洪水均已处于退水阶段，河道水位逐渐回落。但汛期的考验并未结束，水利部门将继续枕戈待旦，毫不松懈地抓好各项工作，牢牢守住水旱灾害防御底线。

（来源：《光明日报》2023 年 08 月 25 日　08 版）

提前预泄腾库，最大拦洪超 21 亿立方米
海河流域 33 座大型水库全力迎峰御洪

本报北京 8 月 3 日电（记者蒋菡）记者今天从水利部获悉，自 7 月 28 日台风"杜苏芮"北上影响海河流域引发强降雨以来，水利部海河水利委员会（以下简称"海委"）会同流域各地，联合调度运用流域大型水库防洪骨干工程，提前预泄腾库，全力迎峰御洪，最大拦洪 21.4 亿立方米，防洪减灾效益充分发挥。

海河流域现有山区大型水库 33 座，位置多处于主要河流出山口或交汇处，控制流域山区面积 85％以上，是防洪工程体系中极为重要的一环。

为迎战流域暴雨洪水，海委充分发挥海河防总办公室作用，滚动预测预报，科学会商研判，强化统筹调度，在保证水库安全的前提下，充分运用骨干水库拦蓄洪水、削峰错峰。

各大水库 7 月 31 日普遍迎来大幅涨水过程。子牙河系滹沱河岗南水库 11 时最大入库流量 2250 立方米每秒，出库 2.9 立方米每秒，削峰率近 100％；黄壁庄水库 7 时最大入库流量 6250 立方米每秒，出库 1600 立方米每秒，削峰率 74％。大清河系西大洋水库 15 时最大入库流量 2435 立方米每秒，出库 152 立方米每秒，削峰率近 94％；王快水库 16 时入库流量 3451 立方米每秒，出库 300 立方米每秒，削峰率 91％，有效减轻下游防洪压力，大幅降低了洪涝灾害损失。

下一步，海委将统筹考虑水库拦洪蓄水能力，实时优化调度，严格控制蓄泄关系，在保障安全的前提下，最大程度发挥水库、河道堤防、蓄滞洪区等防洪工程体系减灾作用，最大程度保障人民群众生命财产安全。

（来源：《工人日报》2023 年 08 月 04 日　04 版）

降雨趋于结束
海河流域上游主要河道水位平稳回落

　　8月2日，海河流域面平均降水量仅1毫米，结合气象预报显示，流域面降雨过程基本结束。8月3日，流域各大河系上游骨干河道水位正平稳回落。

　　受前期降雨影响，海河流域子牙河、永定河、大清河曾相继发生编号洪水。为应对此次流域大范围暴雨洪水，水利部海河水利委员会（以下简称"海委"）滚动会商研判，协同京津冀晋等省市，按照系统、科学、有序、安全的原则，会同北京、河北、河南精准调度十三陵水库、岗南水库、黄壁庄水库、岳城水库、盘石头水库等拦蓄水库，加强北运河北关枢纽、永定河卢沟桥枢纽和永定河泛区、东淀等蓄滞洪区的调度运用，最大程度削减洪峰、分泄洪水，确保了洪水平稳下泄，极大减轻了下游洪涝灾害损失。

　　据水文监测统计，当前海河流域子牙河、永定河、大清河、北三河等河系上游主要河道均平稳退水。其中，子牙河系黄壁庄水库7月31日7时入库洪峰流量6253立方米每秒，8月3日12时入库流量203立方米每秒；大清河系张坊7月31日22时洪峰流量6200立方米每秒，8月3日12时流量539立方米每秒；永定河系三家店7月31日13时洪峰流量3140立方米每秒，8月3日12时流量175立方米每秒；北运河北关闸8月1日0时洪峰流量1145立方米每秒，3日12时流量140.6立方米每秒。

　　海委将持续优化调度流域防洪工程，督促有关地方时刻保持高度警惕，切实做好退水期间河道堤防、蓄滞洪区围堤隔堤等关键部位、薄弱环节巡查防守工作，全力保障河道行洪安全。

（来源：《中国青年报》客户端）

海河流域联合调度 33 座大型水库，
为下游拦洪超 21 亿立方米

8 月 3 日，澎湃新闻从水利部获悉，自 7 月 28 日台风"杜苏芮"北上影响海河流域引发强降雨以来，水利部海河流域委员会同流域各地，联合调度运用流域大型水库防洪骨干工程，提前预泄腾库，全力迎峰御洪，最大拦洪 21.4 亿立方米，防洪减灾效益充分发挥。

海河流域现有山区大型水库 33 座，位置多处于主要河流出山口或交汇处，控制流域山区面积 85% 以上，是防洪工程体系中极为重要的一环。为迎战流域暴雨洪水，海委充分发挥海河防总办公室作用，滚动预测预报，科学会商研判，强化统筹调度，在保证水库安全的前提下，充分运用骨干水库拦蓄洪水、削峰错峰。

各大水库于 7 月 31 日普遍迎来大幅涨水过程。子牙河系滹沱河岗南水库 11 时最大入库流量 2250 立方米每秒，出库 2.9 立方米每秒，削峰率近 100%；黄壁庄水库 7 时最大入库流量 6250 立方米每秒，出库 1600 立方米每秒，削峰率 74%。大清河系西大洋水库 15 时最大入库流量 2435 立方米每秒，出库 152 立方米每秒，削峰率近 94%；王快水库 16 时入库流量 3451 立方米每秒，出库 300 立方米每秒，削峰率 91%，有效减轻下游防洪压力，大幅降低了洪涝灾害损失。

海委表示将统筹考虑水库拦洪蓄水能力，实时优化调度，严格控制蓄泄关系，在保障安全的前提下，最大程度发挥水库、河道堤防、蓄滞洪区等防洪工程体系减灾作用，最大程度保障人民群众生命财产安全。

（来源：澎湃新闻）

迎战流域性大洪水——海委强化水库统筹联调全力御洪

雨势凶猛、河水上涨。海河流域汛情牵动人心。

受 7 月 28 日以来强降雨影响，海河流域北三河、永定河、大清河、子牙河、漳卫南运河 5 大水系有 21 条河流发生超警以上洪水，其中 6 条河流超保、8 条河流发生有实测资料以来最大洪水……

如何科学精细调度干支流水库，削减洪峰势头，减少灾害损失，考验着调度者的智慧。

夜幕之下，水利部海河水利委员会防汛会商室灯火通明，一双双眼睛紧盯水情会商系统，海河防总常务副总指挥、海委主任乔建华，海河防总秘书长、海委副主任韩瑞光组织开展滚动会商，与水利部视频连线，研究工程调度措施，最大程度发挥防洪工程体系效益。

"根据雨水情预报，相关水库预泄腾库，降低水库水位。"

"算准算细洪峰洪量，细致推导洪水演进时序，精准研究工程调度措施。"

"立足流域防汛工作全局，统筹上下游、左右岸、干支流，协调做好水工程调度工作。"

一方面滚动分析雨情、水情，调度流域水库联合拦洪、削峰、错峰；一方面加派工作组，会同流域各地全面行动，落实落细防御措施。海委围绕调度重点，充分考虑上下游、左右岸、干支流实际，谋划协同作战，最大限度挖掘水库调度潜力。

7 月 31 日，海河流域各大水库普遍迎来大幅涨水过程。

子牙河系滹沱河岗南水库 11 时最大入库流量 2250 立方米每秒，出库流量 2.9 立方米每秒，削峰率近 100%。

黄壁庄水库 7 时最大入库流量 6250 立方米每秒，出库流量 1600 立方米每秒，削峰率 74%。

大清河系西大洋水库 15 时最大入库流量 2435 立方米每秒，出库流量 152 立方米每秒，削峰率近 94%。

…………

科学精准的调度有效拦蓄了洪水，大幅度降低了洪涝灾害损失。

水库联合调度，为跑赢洪水赢得了更多时间。"7 月 28 日以来，海河流域 155 座大中型水库全部投入防洪运用，海委联合调度 33 座山区大型水库预泄腾库，全力迎峰御洪，最大拦洪 21.4 亿立方米。"海委防御处处长杨志刚说。

当前，海河流域正在经历洪水演进过程。统筹全局，科学调度，下好流域水库调度这盘棋，正是海委迎战此次流域性大洪水的信心和底气。

（来源：《中国水利报》第 5383 期头版）

最大拦洪 21.4 亿立方米！海河流域 33 座
大型水库充分发挥防洪减灾效益

本报讯 自 7 月 28 日台风"杜苏芮"北上影响海河流域引发强降雨以来，海委会同流域各地，联合调度运用流域大型水库防洪骨干工程，提前预泄腾库，全力迎峰御洪，最大拦洪 21.4 亿立方米，防洪减灾效益充分发挥。

海河流域现有山区大型水库 33 座，位置多处于主要河流出山口或交汇处，控制流域山区面积 85％以上，是防洪工程体系中极为重要的一环。为迎战流域暴雨洪水，海委充分发挥海河防总办公室作用，滚动预测预报，科学会商研判，强化统筹调度，在保证水库安全的前提下，充分运用骨干水库拦蓄洪水、削峰错峰。

各大水库于 7 月 31 日普遍迎来大幅涨水过程。子牙河系滹沱河岗南水库 11 时最大入库流量 2250 立方米每秒，出库 2.9 立方米每秒，削峰率近 100％；黄壁庄水库 7 时最大入库流量 6250 立方米每秒，出库 1600 立方米每秒，削峰率 74％。大清河系西大洋水库 15 时最大入库流量 2435 立方米每秒，出库 152 立方米每秒，削峰率近 94％；王快水库 16 时入库流量 3451 立方米每秒，出库 300 立方米每秒，削峰率 91％，有效减轻下游防洪压力，大幅降低了洪涝灾害损失。

下一步，海委将统筹考虑水库拦洪蓄水能力，实时优化调度，严格控制蓄泄关系，在保障安全的前提下，最大程度发挥水库、河道堤防、蓄滞洪区等防洪工程体系减灾作用，最大程度保障人民群众生命财产安全。

（来源：《中国财经报》）

姚文广：抗御海河"23·7"流域性特大洪水的实践启示和检视思考

2023 年 7 月 28 日至 8 月 1 日，受台风"杜苏芮"残余环流和冷空气共同影响，华北地区出现 1963 年以来最强降雨过程，海河发生"23·7"流域性特大洪水。党中央时刻牵挂受灾地区人民安危，习近平总书记亲自部署、亲自指挥，在防汛抗洪的关键时刻连续作出重要指示、提出明确要求，为做好防汛抗洪工作提供了根本遵循和强大动力。水利部党组坚决贯彻落实习近平总书记重要指示精神，按照党中央、国务院决策部署，把防汛抗洪救灾作为重大政治责任和头等大事来抓。在水利部党组的坚强领导下，水利系统闻"汛"而动、尽锐出击、昼夜鏖战，坚决打赢抗击严重洪涝灾害这场硬仗，奋力夺取了防汛抗洪的决定性胜利。

1. 海河流域防汛抗洪斗争重大成果来之不易

此次防汛抗洪的重大成果，是在面对海河流域 1963 年以来最强降水过程、1963 年以来最大场次洪水的极端严峻防汛形势下取得的。从雨情汛情发展实况及复盘结果看，本轮洪水过程呈现"三大一猛"的显著特点。

"三大"主要体现在降水总量、降水强度和洪水量级上。从降水总量看，7 月 28 日至 8 月 1 日，流域过程降水总量 494 亿 m^3，形成洪水径流总量约 200 亿 m^3，均为海河流域"63·8"洪水以来最大。从降水强度看，北京市最大累计点雨量为门头沟清水镇 1014.5mm，河北省最大累计点雨量为邢台临城县 1003mm，接近常年全年降水量的 2 倍。北京市 83h 面降水量达到常年全年降水量的 60%，最大小时点雨量 111.8mm，超过 2012 年"7·21"特大暴雨。从洪水量级看，海河流域发生 1963 年以来最大洪水，其中永定河发生 1924 年以来最大洪水，大清河发生 1963 年以来最大洪水，8 条河流发生有实测资料以来最大洪水。

"一猛"主要体现在洪水涨势上。大清河、子牙河、永定河在 12h 内相继发生编号洪水。拒马河都衙水文站 1h 内流量从 600m^3/s 涨至 5500m^3/s，半天内水位上涨 10m，永定河卢沟桥枢纽 1.5h 内流量从 1000m^3/s 涨至 4650m^3/s。

汛情就是命令。极端严峻形势面前，水利部启动洪水防御Ⅱ级应急响应，7 月 28 日至 8 月 4 日的 8d 内，国家防总副总指挥、水利部李国英部长 7 次主持专题会商，逐河系超前部署、逐河系主动出击、逐河系科学防控，协同京津冀豫，按照既定作战部署，调度以水库、河道和堤防、水闸枢纽以及蓄滞洪区为主要组成的海河流域防洪工程体系迅速投入运用，立体化打响抗洪攻坚战。水利部海河水利委员会、京津冀豫水利部门均启动洪水防御Ⅰ级响应并联动落实各项防御措施。

精细调控永定河洪水

针对官厅山峡突发洪水，动态调度以卢沟桥枢纽为核心的防洪工程体系，妥善处理分、泄、滞关系。一是调度官厅水库关闸拦蓄洪水，累计拦洪 0.7 亿 m³，削峰率 96.5%，特别是 7 月 31 日至 8 月 1 日强降雨期间关闸错峰，有效减轻了下游防洪压力。二是调度支流斋堂水库运用至接近设计水位，在洪峰来临时，水库的下泄流量始终控制在 150m³/s 以下。三是调度卢沟桥枢纽精准削峰，每半小时联合调度卢沟桥拦河闸和小清河分洪闸，利用大宁、稻田、马厂水库库容全力削峰，始终将下泄流量控制在 2500m³/s 以下，确保了下游永定河卢沟桥至梁各庄段的行洪安全。四是及时启用永定河泛区缓洪滞洪，最大蓄洪量达 2.56 亿 m³。

有效调控大清河洪水

面对大清河北支洪水来势猛、缺乏控制性水库的不利局面，全力控制洪水风险。一是及时启用小清河、兰沟洼、东淀等 3 处蓄滞洪区，最大蓄滞洪量 15.3 亿 m³，洪峰流量从张坊 6200m³/s 演进至新盖房枢纽降低为 2790m³/s。二是调度大清河南支上游王快、西大洋等水库群充分拦洪，削峰率均超过 90%，将南支诸河入白洋淀洪峰控制在 757m³/s 上下，平稳控制白洋淀水位，避免大清河南北支洪水遭遇，有力减轻了下游地区防洪压力。三是调度枣林庄、新盖房枢纽和独流减河进洪闸等，根据上下游水势，有序行泄洪水，保证了新盖房分洪道、赵王新河、独流减河等骨干河道行洪安全。

科学调控子牙河洪水

联合运用上拦、中滞、下排措施。一是联合调度滹沱河岗南、黄壁庄水库，岗南水库拦洪 3.4 亿 m³，削峰率 99.9%，并为岗南至黄壁庄区间冶河来水错峰近 20h；黄壁庄水库充分拦蓄，最大入库洪峰 6250m³/s，相应出库流量 1600m³/s，削峰率达 74.4%，将下游流量控制在石家庄上下游河道安全泄量之下，减淹耕地 512 万亩，避免 354 万人转移，保障了石家庄市及下游河北、天津广大地区防洪安全。二是调度滏阳河上游朱庄、临城等水库充分拦洪。三是及时启用大陆泽、宁晋泊、献县泛区等 3 处蓄滞洪区，科学调度艾辛庄枢纽、献县枢纽，保证了滏阳新河、子牙新河等骨干河道行洪安全。

系统调控北运河洪水

统筹北运河、潮白河来水，系统安排洪水出路。一是调度北运河上游十三陵水库充分拦蓄，削峰率 100%。二是调度密云、怀柔水库累计拦洪 1.468 亿 m³，降低潮白河水位，为北运河洪水东排创造条件。三是精细调度北关、土门楼枢纽，分别通过运潮减河、青龙湾减河向潮白河分泄洪水，在保证北运河行洪安全的同时，避免了天津大黄堡洼蓄滞洪区启用。

经过各方共同努力，最大程度保障了人民群众生命财产安全，确保了重要防洪对象安全，各类水库无一垮坝，重要堤防和蓄滞洪区围堤无一决口，蓄滞洪区撤退转移近百万人无一伤亡，成功实现预期防御目标。

2. 主要经验启示和问题检视

海河时隔 60 年再次发生流域性特大洪水，充分印证了无论哪个流域都有发生大洪水的可能。成功抗御海河"23·7"流域性特大洪水的实践证明，只有时刻保持如履薄冰的谨慎、见叶知秋的敏锐，用大概率思维应对小概率事件，才能以防御措施的确定性，有效应对水旱灾害的不确定性。归结起来，主要有以下四个方面经验启示。

党中央、国务院的坚强领导是夺取防汛抗洪胜利的根本保证

以习近平同志为核心的党中央对本轮洪水防御工作高度重视，始终把保障人民生命财产安全放在第一位。习近平总书记密切关注汛情灾情发展，多次作出重要指示，亲自部署、亲自指挥，对持续做好灾害防范、抢险救灾、抢修恢复特别是受灾群众生活保障等提出明确要求。李强总理多次作出批示，主持召开国务院常务会议研究防汛抢险救灾工作，张国清副总理、刘国中副总理等国务院领导同志多次提出明确要求。在党中央、国务院坚强领导下，各有关部门各司其职、各负其责、通力合作，京津冀等地党委政府守土有责、守土负责、守土尽责，解放军和武警部队闻令而动、勇挑重担，迅速投入抗洪抢险救灾工作，发挥了重要的突击队作用。基层党组织和广大共产党员充分发挥战斗堡垒和先锋模范作用，灾区广大干部群众团结一心、顶风冒雨、合力抗灾，再次诠释了万众一心、众志成城、不怕困难、顽强拼搏、坚韧不拔、敢于胜利的伟大抗洪精神。为支持受灾地区和群众尽快恢复生产生活，中央财政迅速下达救灾资金，预拨蓄滞洪区运用补偿资金。这种全世界独一无二的防汛抗洪救灾领导体制充分展现了我国独特的政治优势、制度优势、组织优势。

坚持预防为主、关口前移是打好防汛抗洪硬仗的先手棋

水利部坚持防汛关键期工作机制，李国英部长主持会商，滚动分析研判第 5 号台风"杜苏芮"影响态势，安排部署防范工作。7 月 24 日，提前一周作出预判，台风"杜苏芮"水汽量超大，影响范围广，北上纵深大，跨过黄河流域影响到海河流域的可能性很大。7 月 27 日，根据台风残余环流在海河流域长时间滞留的预报，分析得出此次海河流域暴雨洪水量级稀遇，永定河、大清河等河系将发生编号洪水的结论。针对海河流域即将面对特大洪水考验的预判，立足情报迅速布署海河流域各河系防御措施。洪水开始演进后，进一步强化"四预"措施，加密预报、滚动预报、精细预报，水文应急监测队伍冲锋在前，构筑蓄滞洪区二维水动力学演进模型，首次实现蓄滞洪区洪水实时演进分析。正是这样自强降雨出现端倪起即开始全面绷紧"四预"工作链条的措施，为做好后续工作争取了战略主动。

流域防洪工程体系科学调度在防汛抗洪中发挥出"硬核力量"的硬核作用

1963 年大水后，海河流域逐步确定了"上蓄、中疏、下排、适当地滞"的防洪方针，构筑起由水库、河道及堤防、蓄滞洪区组成的防洪工程体系。本轮洪水应对过程中，水利部门坚持系统原则，以永定河、大清河、子牙河、北三河等河系为单元，统筹上下游、干支流、左右岸，充分发挥流域水工程整体防洪作用；坚持科学原则，精准分析入库洪水过程、总量、洪峰大小，科学合理安排水库预泄腾库、拦洪错峰削峰；坚持有序原则，根据洪水演进过程，有序安排调度措施，确保调度指令及时发出、指挥决策有序；坚持安全原则，坚决守住安全底线，确保水库不垮坝、下游重要防洪保护对象安全，最大限度保障人民群众生命安全，减少洪水影响和损失。据统计，京津冀 84 座大中型水库拦蓄洪水超过 28.5 亿 m^3，减淹城镇 24 个、耕地 751 万亩，避免 462.3 万人转移，充分发挥水库"王牌"作用。宁晋泊、大陆泽、小清河分洪区、兰沟洼、东淀、献县泛区、共渠西、永定河泛区等 8 处蓄滞洪区启用，合计最大蓄洪 25.3 亿 m^3，有效削减洪峰、分泄洪量，充分发挥蓄滞洪区防洪"底牌"作用。流域防洪工程体系综合减灾效益显著，极大减小了下游防洪压力和洪水灾害损失。

精准有效的水库堤防安全管理和险情处置措施是实战紧要关头的致胜关键

水利部先后派出 26 个工作组、专家组，督促指导地方落实水库防汛"三个责任人"，逐库落实病险水库限制运用措施，强化巡查值守，预置抢险物料，畅通泄洪通道，及时处置险情，成功实现水库不垮坝目标。京津冀各级水利部门派出技术专家到一线指导科学查险抢险，组织 22 万多人次巡堤查险，及时处置堤防险情 131 处，确保了重要堤防无一决口。特别是 8 月 1 日，白沟河左堤在建排水涵闸出现渗漏重大险情，一度严重威胁雄安高铁站、雄安新区昝岗组团及周边地区安全。李国英部长连夜会商并于翌日紧急赶赴现场，部署险情处置工作，指导地方扩大白沟河右堤分洪，同时加固堤防、加固外围围堰、封堵公路桥涵以构筑三道防线，全力控制风险，直至 8 月 6 日白沟河东茨村水位低于警戒水位后解除风险，有力确保了雄安新区防洪安全。

检视反思整个防御过程，也暴露出一些亟待解决的问题。一是雨水情监测预报"三道防线"尚不能完全满足现代化防汛"大兵团作战"指挥体系情报需要，局地暴雨预报落区和强度还存在偏差，暴雨集中来源区测雨雷达未布设到位，雨量站不足，自身抗风险能力不足。二是海河流域防洪工程体系不完善，河道多年不行洪，淤积严重，防洪控制性枢纽建设不足，拒马河上游、永定河官厅山峡区间等缺乏控制性水库，无法调控洪水。三是数字孪生流域建设滞后，虽然首次构建了蓄滞洪区水动力学模型，采用激光雷达、无人机航摄等完善下垫面数字底板，但从支撑预演的实战需求来看仍有较大差距。四是蓄滞洪区进退洪设施不完善，3 处采用临时扒口分洪，5处为自然漫溢分洪，难以把握分洪时机和有效控制淹没损失，不具备短期内二次启用能力。五是水工程联合调度的现代化信息技术支撑不足，尚未实现预报与调度一体化，影响洪水精准调度。

3. 加快提升海河流域水旱灾害防御能力的对策思路

海河流域河流源短流急、洪水陡涨陡落、洪量集中、预见期短，水系呈扇形分布，上大下小，洪水主要集中在天津入海。把握流域特点、洪水特征，结合本轮洪水防御实战，需谋划海河流域防洪系统治理，全面提升防汛减灾各项能力，为应对海河流域未来可能发生的更加严重洪涝灾害做好准备。

加快水毁水利工程设施修复

全面排查统计本轮洪水造成的水库、河道及堤防、蓄滞洪区、南水北调配套、农田水利设施、城乡供水、水文设施等工程损毁情况，立即开展水毁工程修复工作，2024年汛前基本修复水毁水利设施，恢复工程能力。

完善流域防洪工程体系

加快推进大清河、永定河、子牙河、滦河等流域防洪控制性水库前期论证和开工建设，增强洪水调蓄能力。实施海河骨干河道重要堤防达标建设三年行动，加快中小河流和山洪沟治理。按照"分得进、蓄得住、排得出、人安全"要求，加快推进蓄滞洪区安全建设。按照"拒、绕、排"思路，加快推进重点区域城市防洪工程体系建设，提升城市防洪排涝能力。

修订防御洪水和洪水调度方案

结合流域水工程现状、防洪形势和新一轮防洪规划修编成果，着手开展大清河、永定河防御洪水方案及大清河、永定河、漳卫河、北三河洪水调度方案修订。

推进数字孪生流域建设

加快构建气象卫星和测雨雷达、雨量站、水文站组成的雨水情监测预报"三道防线"。加快永定河、大清河、漳河等重点河流先行先试，推进数字孪生流域与物理流域同步仿真运行、虚实交互、迭代优化。加快防洪"四预"能力建设，实现基于下游调度目标要求的上游水库群防洪优化调度方案"反算"预演，为防洪调度决策管理提供前瞻性、科学性、精准性、安全性支持。

健全现代治水体制机制法治

强化流域统一规划、统一治理、统一调度、统一管理，充分发挥河湖长制作用，全面强化河湖管理。推进蓄滞洪区管理条例制定前期工作，进一步规范蓄滞洪区内人口、产业等管理政策。加强水行政执法，强化与刑事司法衔接、与检察公益诉讼协同，严厉打击侵占岸线库容、妨碍河道行洪等行为。

（来源：《中国水利》2023年第18期）

林祚顶：海河"23·7"流域性特大暴雨洪水水文测报成效、存在问题及对策

海河流域属于华北地区，每年七至八月份为防汛关键期，多突发性和局地性降水，强降水主要集中于 2～3 次降水过程。2012 年北京"7·21"特大暴雨、2021 年"7·20"郑州特大暴雨至今仍然让人记忆深刻。极端暴雨洪水已经成为新形势下每年汛期全国江河最重要的防御目标。2023 年 7 月 28 日至 8 月 1 日，在台风"杜苏芮"北上残余环流及副热带高压和太行山、燕山山脉地形共同影响下，海河流域出现大范围长历时强降雨过程，大清河和永定河发生特大洪水，子牙河发生大洪水，北运河和漳卫河发生较大洪水，综合判定海河发生"23·7"流域性特大洪水。面对严峻的防汛形势，水文系统科学应对、主动作为，加密监测频次，强化应急监测，全面监视雨水情发展，及时掌握和准确预报海河"23·7"流域性特大洪水发展变化过程，为有效运用防洪工程措施和科学制定防汛对策提供了决策依据，为夺取海河流域防汛减灾全面胜利作出了重要贡献。

1. 海河"23·7"流域性特大洪水雨水情特点

受台风"杜苏芮"登陆减弱后的残余环流及西太平洋副热带高压的共同影响，海河流域"23·7"流域性特大洪水主要呈现以下几个特点。

①降水范围广、总量大。2023 年 7 月 28 日至 8 月 1 日，流域过程降水总量 494 亿 m^3，形成洪水径流总量约 200 亿 m^3，均为海河流域"63·8"洪水以来最大。

②暴雨时空集中、强度大。本次强降水过程主要集中在大清河水系拒马河、子牙河系滹沱河滏阳河、永定河官厅山峡区间。京津冀地区平均累计面雨量 175mm，超过常年平均降水量（510.9mm）的 1/3。

③洪水并发、量级大。永定河发生 1924 年以来最大洪水，大清河发生 1963 年以来最大洪水，海河发生流域性特大洪水，为 60 年来发生的最大场次洪水。

④洪水涨势猛、演进快。

2. 水文测报工作措施及成效

2023 年，各级水文部门扎实开展汛前准备，加强人员培训，完善水文测报方案，严格执行汛期会商机制，提前部署暴雨洪水防范应对工作。

水文测验

根据洪水涨落情况，干支流各水文站加密监测频次，完整记录了大清河、永定河、子牙河 3 条河系水文站洪水的起涨过程，基本上都抢测到了最大洪峰流量、最高水位等关键洪水信息，并全过程记录了多个河流洪水期的河道水沙变化。各站水位

过程控制完整，流量过程控制良好，洪峰流量平均控制幅度在90%以上；含沙量过程控制良好，输沙率测验满足输沙量计算要求。

截至8月20日，共施测流量3195站次，人工观测水位33526站次，测沙1472站次，抢测洪峰359场，采集报送雨水情监测信息142万余条，滚动预报9300余站次，发布洪水预警86次，有力支撑了流域洪水防御工作。

应急监测

海河流域大清河水系与子牙河水系同属海河"23·7"流域性特大洪水期间的强降水中心，流域源短流急，河道过流能力有限，流域多处测站设施设备被冲毁，造成部分测验数据连续性不足，同时水库泄洪、蓄滞洪区运用等工程调度亟须水文信息支撑。海河流域水文部门第一时间启动流域水文应急监测联动机制，及时派出应急监测队伍，携带测流无人机、走航式ADCP、测流无人船、手持电波测速仪、三维激光扫描仪、双频回声数字测深仪、卫星电话等设备，全力做好应急测报工作。共计组建应急监测队70余支，累计出动1600余人次，布设监测断面280多个，监测数据实时共享并报送水利部、水利部海河水利委员会（以下简称"海委"）及京津冀相关部门，确保水文信息不中断。

降水预报

7月23日研判台风"杜苏芮"将深入内陆北上影响海河流域，提前6d预报本次海河流域暴雨洪水过程，25日预报此次海河流域暴雨洪水过程将可能达到海河流域"63·8"洪水量级。过程降水量预报总体准确，从7月25日20时之后的9次人工降雨过程预报产品的100～250mm量级准确率平均评分达0.74，250～400mm量级达0.52，400mm以上量级达0.20；5号台风"杜苏芮"移动路径预报准确，并在主流台风路径预报模式的基础上，延长路径预报时效36h，助力海河流域强降水过程预报。

洪水预报

依托多源空间信息融合洪水预报系统，提前5d研判永定河、大清河将发生大洪水，海河流域蓄滞洪区需启用，预见期延长了3～5d。建立"预测、预警、预报"渐进式工作模式，兼顾洪水防御对预见期和精度的要求，每日平均滚动制作洪水预报2～3次，关键期每2h滚动一次，累计制作发布150条河流278个站洪水预报2671站次，关键期预报精度提高15%。

3. 经验与启示

坚持"预"字当先，超前部署

一是扎实开展汛前准备。 坚持早安排早部署，组织全国水文部门认真开展水文测报汛前准备工作，加强设施设备维修养护，细化完善测报方案预案，提前预置测报人员和技术装备，做好应对超标准洪水的各项准备。

二是坚持主汛期工作机制。 启动主汛期工作机制，印发加强主汛期水文测报工作的通知，召开全国水文测报工作视频会，安排部署主汛期特别是防汛关键期雨水情监测预报预警工作。

三是提前部署台风防范应对工作。 及时跟踪监视台风北上动向，加强会商研判，加密雨水情监测频次，提前做好应急监测准备，滚动、精细预报预警。

强化水文现代化基础建设

一是完善水文监测站网。 围绕提升水文监测覆盖率，新建改建一批水文测站，发挥了重要作用。

二是强化洪水在线监测能力。 围绕水文监测全要素全量程全自动的发展目标，加快流量在线监测系统建设，流量自动监测率由"十四五"初期的30％提高到了目前的53％，有效提升了监测效率。

三是提升应急监测能力。 结合海河流域应急监测任务和需求，有针对性地增配应急监测和超标准洪水监测设备，如海委购置测流无人机、相控阵ADCP、测流无人船、双频回声数字测深仪、卫星电话等先进的应急监测设备，显著增强了流域水文应急测报能力。

四是充分发挥"四预"能力。 在海河"23·7"流域特大洪水应对过程中，超前研判海河流域强降雨过程，滚动开展雨水情预测预报，及时发布暴雨洪水预警，逐日推演蓄滞洪区洪水演进动态，有力支撑预案滚动制定和执行，全力做好海河流域暴雨洪水防御"四预"工作。

加强水文应急监测

一是健全联动机制。 强化流域管理，加强流域应急监测力量，健全完善了海河流域水文应急监测联动机制。

二是补充监测空白。 在太行山、燕山山前河流设置应急巡测断面83处，在雄安新区周边布设应急巡测断面16处，建立27支145人的应急监测队伍，补充监测空白。

三是补强重要站监测。 在雁翅、张坊、东茨村等重要水文站遭遇水毁、报汛困难的情况下，及时派出应急监测队支援一线，确保水文信息不中断。

四是紧跟洪水演进。 组织加强对永定河、大清河以及蓄滞洪区等洪水演进的跟踪监测，强化"以测补报"，充分利用无人机等技术手段，动态监测水情走势，跟踪监测洪峰位置，相关成果及时推送水利部、海委及京津冀相关部门。

五是强化协同驰援。 协调河南、水利部黄河水利委员会的水文部门千里驰援南水北调中线交叉河道、永定河、大清河等重点断面开展水文应急监测，为防汛抢险提供有力支撑。

4. 暴露出的问题

水文站网密度不足

一是测雨雷达监测覆盖不足。 海河流域仅河北雄安新区附近部署有1组水利测雨雷达并开展了试点应用，远不能覆盖流域暴雨洪水集中来源区、山洪灾害易发区以及大型水库工程、重大引调水工程防洪影响区。

二是暴雨中心雨量站点密度不足。现有的雨量监测站点不能准确掌握降雨分布情况和捕捉暴雨中心降雨极值，无法及时获取区间降雨数据，对洪水预报结果更新的及时性和准确性产生影响。部分河流（如永定河官厅山峡区间部分中小河流）缺乏水文（位）站，不能及时准确掌握支流来水情况，影响洪水预报精度；已布设水文测站的部分河流还存在站点数量不足、部分支流汇入口及分洪口门没有控制站点等问题。

三是蓄滞洪区监测设施薄弱。蓄滞洪区、洼地圩区等缺乏水位、流量等监测设施设备。

水文站防洪测洪标准偏低

一是水文测站建设标准偏低。海河流域水文站中有 35％ 的主要测报设施设备 10 年以上未更新改造，建设标准偏低，中小河流水文站防洪标准大多为 30 年一遇，测洪标准一般为 20 年一遇，遇大洪水极易出现洪水进屋、院墙倒塌的问题，无法快速高效开展水位、流量等施测任务，自身安全也难以得到保障，如此次暴雨集中来源区的拒马河都衙、张坊水文站，大石河漫水河水文站，永定河雁翅水文站均发生严重水毁。据初步统计，此次暴雨洪水造成海委、北京、河北、山西、河南等水文（位）站损毁 408 处，白沟河东茨村水文站以上暴雨集中区 70％ 以上的测报设施遭受水毁，此外还有大量的雨量、墒情、地下水等监测设施设备遭受不同程度的毁坏，如北京、河北、河南等地有 62 个地下水自动监测站遭遇严重水毁。

二是测验设施设计考虑不周。由于海河流域水资源紧缺，水文站在监测水位和流量的过程中，既要考虑洪水又要考虑水资源监测（小流量测验），有些测站的水位和流量监测设备架设高度不足，设备在大洪水期间被淹没。

水文监测能力有待提升

一是基层应急监测设备配备不足。基层水文勘测队或监测中心配备的走航式 ADCP、手持式电波流速仪、水文多参数应急监测装备、遥控船等常规应急监测设备数量不足，不能满足发生流域性大洪水时多点同时开展水文应急监测的需要。此次大洪水期间，北京、河北走航式 ADCP 全部投入应急监测，多次出现因使用频度过高、含沙量过大等导致设备出现故障，影响应急监测工作快速高效开展。

二是水文巡测车严重缺乏。海委水文局承担此次应急监测任务的巡测车辆均为社会租赁车辆，河北水文基层勘测队开展应急监测任务使用农用三轮车，难以保证在恶劣环境下正常开展应急监测和安全生产的要求。

信息采集传输保障手段有待增强

一是测报设备老化严重。中小河流水文监测系统建设运行已 10 年以上，配置的自动测报设备尤其电子设备进入故障多发期。

二是通信卫星信道配备不足。部分水文测站未配备卫星报汛信道、卫星电话和增强卫星电话信号的卫星接收器，受通信公网中断影响，雨水情监测信息无法及时传输。

三是应急信息报送机制有待健全。一线水文应急监测队与水利部中央节点的信息报送机制与传输技术手段有待完善，前方信息难以快速入库，无法实时支撑防汛会商决策。

"四预"能力有待提升

一是局地降雨预报精度不高。由于针对某条具体河流的暴雨预报落区还存在左右摆动或南北移动等不确定性情况，洪水预报往往随之出现频繁变动。

二是洪水预报覆盖面不足。根据已布设水文测站构建的洪水预报方案，仅能判别所代表河段的洪水态势，无法满足无测站地区洪水预报要求，无资料或缺资料地区洪水预报尚无有效手段。

三是传统模型方法灵活性不够。目前海河流域洪水预报体系多采用传统降雨产汇流和考虑河道下渗的洪水演进模型，针对自然漫溢、扒口分洪、堤防局部溃口等工况条件，传统水文模型方法适用性不高，下游站洪水预报难度较大。此外本次特大洪水下垫面冲淤变化或流域治理亦导致产汇流参数有所变化，需及时修订调整，如北拒马河三支分流比需重新分析。

四是涉水工程信息共享不及时。水文部门与闸坝、水库、蓄滞洪区等水利工程管理部门运行调度信息共享不充分不及时，特别是缺少中小型水利工程运行状态和调度信息。

5. 下一步工作措施

一是加快推进海河流域雨水情监测预报"三道防线"建设。系统梳理、全面检视海河流域"天空地"水文监测和预报预警体系，组织编制海河流域雨水情监测预报"三道防线"建设专项方案，在暴雨洪水集中来源区、山洪灾害易发区以及大型水库工程、重大引调水工程防洪影响区等布设测雨雷达站，加密雨量站、水文站、水位站，强化"四预"措施，完善监测预报系统平台建设。

二是持续提升水文测报能力。提档升级测报设施设备，提高设施设备防洪测洪标准，加快推进固定式 ADCP、定点式电波、侧扫电波、影像等流量在线监测设备，光电测沙仪、量子点光谱测沙仪等泥沙在线监测设备的配备力度和应用，强化北斗卫星通信备份，不断提升水文测站的测报能力。配齐配强基层水文勘测队或监测中心走航式 ADCP、手持电波测速仪、水文多参数应急监测装备、测流无人船等常规应急监测设备，满足发生流域性大洪水时多点同时开展水文应急监测的需要，保障应急监测工作快速高效开展。

三是加强水利测雨雷达技术研发与应用。加强适应不同运行环境、固定或移动、自主可控的系列水利测雨雷达装备研发，加快建设水利测雨雷达管理与应用系统，开展基于水利测雨雷达的高分辨率致洪暴雨监测预警、中小河流超精细化暴雨洪水预报预警、山洪灾害网格化预警等一批关键技术研究和推广应用，为雨水情监测预报"三道防线"建设先行先试工作提供有力技术支撑保障。

四是强化"四预"支撑。推进水利科研单位与水文业务部门加强沟通协作，针对"降雨—产流—汇流—演进""流域—干流—支流—断面"，深入研究海河流域产汇流水文规律，加快流域产汇流、泥沙等水利专业模型的研发应用，强化"四预"支撑，有效提高洪水预报预见期和精准度。

五是推动涉水工程信息及时共享。推进水文部门加强与水库、蓄滞洪区、闸坝等管理部门雨水情和调度信息的及时共享，建立健全信息共享机制，加大共享力度，实现堰闸开启、泵站排涝、抢险分洪等信息的互联互通。

（来源：《中国水利》2023 年第 18 期）

乔建华：防御海河"23·7"流域性特大洪水
经验启示

2023 年"七下八上"防汛关键期，海河发生"23·7"流域性特大洪水。水利部海河水利委员会坚决贯彻习近平总书记对防汛救灾工作的重要指示精神，全面落实党中央、国务院各项决策部署，在水利部的坚强领导下，坚持人民至上、生命至上，牢固树立底线思维、极限思维，锚定"人员不伤亡、水库不垮坝、重要堤防不决口、重要基础设施不受冲击"的目标，会同流域各省市全力做好洪水防御工作，最大限度减轻了灾害损失，为流域人民生命财产安全和经济社会高质量发展提供了坚实的水安全保障。

1. 洪水产汇流演进过程

2023 年 7 月 28 日至 8 月 1 日，台风"杜苏芮"残余环流挟丰沛水汽北上，受到华北北部"高压坝"拦截，加上太行山和燕山山脉地形抬升等共同作用，海河流域出现一轮历史罕见极端暴雨过程，流域累积面雨量 155.3mm，降水总量 494 亿 m^3。"23·7"暴雨开始于海河流域南部漳卫河系河南安阳，北上进入河北邯郸，随后沿太行山山前向北移动，经河北邢台、石家庄、保定进入北京，继续东移，最后经河北秦皇岛移出流域。

受强降雨影响，海河发生流域性特大洪水，洪水过程随降雨过程移动自南向北出现，先后有 22 条河流超警戒水位，7 条河流超保证水位，8 条河流发生有实测记录以来最大洪水，永定河泛区、小清河分洪区、兰沟洼、东淀、大陆泽、宁晋泊、献县泛区、共渠西等 8 个蓄滞洪区启用，其中子牙河、永定河、大清河相继发生编号洪水。

（1）北三河系发生较大洪水。 北三河系降雨主要集中在 7 月 30—31 日，暴雨中心位于北运河中上游，北京市密云、怀柔水库产流也较大。北运河北关枢纽 8 月 1 日 0 时出现最大过闸流量 1145m^3/s。北运河、潮白河洪水主要通过宁车沽闸经永定新河下泄。

（2）永定河发生特大洪水。 降雨过程集中在 7 月 30—31 日，暴雨中心位于官厅山峡。洪水汇流时间较短，迅速向下游传播，卢沟桥枢纽 7 月 31 日 14 时 30 分洪峰流量 4650m^3/s。大宁水库及稻田、马厂水库相继分洪运用，蓄洪总量 0.75 亿 m^3，卢沟桥枢纽向永定河最大下泄流量 2500m^3/s。永定河泛区于 8 月 2 日 6 时启用。

（3）大清河发生特大洪水。 降雨过程集中在 7 月 30—31 日，暴雨中心位于大清河北支。拒马河张坊水文站 7 月 31 日 22 时 20 分洪峰流量达 7330m^3/s（调查值），大清河北支由于缺乏控制性工程，大量洪水经白沟河宣泄而下，兰沟洼蓄滞洪区于 7

月 31 日 23 时 30 分启用分洪，其余洪水通过白沟河经新盖房分洪道下泄进入东淀，东淀蓄滞洪区于 8 月 1 日 2 时启用。南支各大水库拦蓄了大部分洪水，与北支错峰后逐步泄洪，白洋淀最高水位 7.28m（85 高程，本节同），低于正常蓄水位（7.3m），相应蓄水量 4.47 亿 m^3，最大泄水量 285m^3/s。

（4）子牙河发生大洪水。 降雨过程集中在 7 月 28—29 日，暴雨中心位于岗黄区间和滏阳河上游。冶河产流较大，黄壁庄水库 7 月 31 日 7 时达到最大入库流量 6253m^3/s，7 月 31 日最大下泄流量 1600m^3/s，献县泛区于 8 月 1 日 11 时启用。滏阳河上游各支洪水涨势凶猛，大陆泽、宁晋泊蓄滞洪区于 7 月 30 日 20 时启用。

（5）漳卫河系发生较大洪水。 漳卫河系降雨主要集中在 7 月 28—29 日，暴雨中心位于卫河及漳河上游。降水在清漳河、淇河形成了较大产流。岳城水库 7 月 30 日 22 时最大入库流量 1002m^3/s，水库控泄流量 200m^3/s。卫河共渠西蓄滞洪区于 8 月 1 日 15 时漫溢启用。

2. 主要防御举措

监测预报

流域雨水情"三道防线"监测预报发挥了重要作用。海委利用气象卫星和测雨雷达，对暴雨预报落区和强度进行监测分析，其中雄安新区布设有 4 部测雨雷达，北京市布设有 1 部 S 波段雷达、8 部 X 波段雷达，发挥了重要作用；利用 5484 个雨量站，进行了雨情实时监测；利用 321 处国家基本水文站以及各地方水文站，实时监测河道水库水情信息。

自 7 月 25 日开始，采用水文气象耦合技术延长洪水预见期，以欧洲中心、智能网格等多模式数值降水预报产品为输入，对暴雨中心子牙河岗黄区间、大清河南北支、官厅山峡区间、北运河等逐河系逐断面开展超前滚动精细化预报分析，累计发布洪水预报 410 站次，预报成果分析 41 期，流域主要控制断面 24h 预见期洪水预报精度达 80% 以上。

洪水演进过程中，强化"以测补报"。海委先后派出 6 支水文应急监测队 32 人次分赴永定河、拒马河、大清河、白沟河等防洪重点河段和三家店、卢沟桥、张坊、东茨村、新盖房枢纽、独流减河防潮闸等关键部位，与京津冀水文部门联合开展应急监测，大力应用测流无人机、测流无人船、电波流速仪、声学多普勒流速剖面仪、机载激光雷达、水下多波束测深仪等先进技术装备，抢测了大量珍贵的洪水数据，填补了部分区域水文监测空白，实时根据监测成果优化预报结果，提高河道、蓄滞洪区洪水演进精度。

此次洪水过程中，海委尝试了精细化预报模型的实战应用，根据预报成果和实际下垫面条件构建二维水动力学模型，开展永定河泛区、东淀蓄滞洪区洪水预报预演。采用卫星遥感、无人机监测、视频监视、口门应急监测等天空地多源信息融合，及时掌握蓄滞洪区演进、河道行洪、工程险情等实时信息，对蓄滞洪区演进模型参数进行实时滚动修正，提前 3d 精准预测大清河台头站最高水位 6m（大沽高程，本节同）至 6.1m（实际 6.01m），预测独流减河进洪闸南北闸洪峰流量 1250～1300m³/s（实际 1354m³/s），根据实际遥感和邵七堤等站的监测信息，最终修正永定河泛区屈家店预报洪峰流量 250m³/s（实际 245m³/s），为属地防汛抗洪抢险提供了决策支撑。

水工程调度

在洪水防御过程中，坚持系统观念，以流域为单元，统筹考虑水库、河道及堤防、蓄滞洪区等防洪工程体系，密集连线京津冀晋豫等地联合会商研判，督促各地根据雨水情、工情，不断调整应对措施，科学确定流域骨干水工程的运用次序、运用时机和运用规模，精细调度水库、河道闸坝、蓄滞洪区，构建起抵御洪水的坚实屏障。据初步统计，通过科学精细调度流域防洪工程，避免了 24 个城镇、751 万亩耕地受淹，避免了 462.3 万人转移，充分发挥了防洪工程体系防灾减灾效益。

①北三河系。有序实施河网预泄调度，潮白河、北运河、运潮减河、引沟入潮等河道上 18 座橡胶坝全部塌坝运行，沿海闸涵赶潮放水，腾出河道调蓄空间 4.00 亿 m³。潮白河密云水库、怀柔水库联合调度，累计拦蓄洪水 1.47 亿 m³，削峰率 54.9％～99.2％，有效降低了下游潮白河水位，为分泄北运河洪水创造了条件。科学调度温榆河十三陵水库和北运河北关、土门楼等枢纽，其中温榆河十三陵水库拦蓄全部上游洪水，削峰率 100％；北关分洪闸向运潮减河最大分泄流量 561m³/s，北关拦河闸向北运河最大控泄流量 584m³/s；土门楼枢纽经木厂节制闸向北运河控泄流量不超过 80m³/s，经分洪闸向青龙湾减河最大分泄流量 784m³/s，有效降低北运河、青龙湾减河行洪压力，并避免了大黄堡洼蓄滞洪区运用。

②永定河系。官厅水库关闸拦蓄全部上游洪水，共拦蓄洪水 0.73 亿 m³。永定河支流清水河斋堂水库充分运用，削峰率 68％。精细调度卢沟桥枢纽，合理运用拦河闸与分洪闸分泄洪水，充分利用大宁水库及稻田、马厂水库蓄滞洪水，最大蓄滞洪水 0.75 亿 m³，将永定河卢沟桥枢纽洪峰流量由 4650m³/s 调减至最大下泄流量 2500m³/s。永定河固安站洪峰流量 2250m³/s，经永定河泛区缓洪滞洪后，下游屈家店枢纽洪峰流量减至 245m³/s，缓洪滞洪作用显著，永定新河进洪闸闸门全提敞泄洪水，永定新河防潮闸赶潮提闸，最大限度宣泄洪水入海。

③大清河系。有序实施白洋淀及上游王快、西大洋等水库预泄调度，洪水期间上游水库全力拦蓄，通过南支水库联合调度，控制白洋淀入淀洪峰流量 757m³/s，有效避免了白洋淀水位快速上涨以及与北支洪水叠加，其间白洋淀上游 5 座大型水库最大拦蓄洪水 5.65 亿 m³，削峰率 62.9％～100％。北支唯一大型水库安格庄水库最大拦蓄洪水 1.02 亿 m³，削峰率 69.5％；小清河分洪区漫溢启用，兰沟洼蓄滞洪区及时扒口运用，减轻了下游河道防洪压力；新盖房枢纽于 7 月 30 日开启分洪闸，最大

分洪流量达 2790m³/s。洪水在东淀蓄滞洪区缓滞后，主要经独流减河入海，独流减河进洪闸全部闸门提起敞泄洪水，洪峰流量 1354m³/s，独流减河防潮闸赶潮提闸宣泄洪水入海。8 月 12 日 17 时至 8 月 22 日 8 时，开启西河闸，按照不超过 150m³/s 的标准泄洪，洪量共计 1.18 亿 m³，水量经西河闸入海河，既减轻了独流减河行洪压力，也改善了天津中心城区水环境。

④子牙河系。有序实施滹沱河黄壁庄水库、滏阳河支流沙河朱庄水库预泄，洪水期间上游水库全力拦蓄洪水，岗南、黄壁庄等 5 座大型水库共拦蓄洪水 13.66 亿 m³，削峰率 61.6%～99.9%。大陆泽、宁晋泊蓄滞洪区自然漫溢启用，献县泛区及时扒口启用，3 个蓄滞洪区最大蓄滞洪水 6.91 亿 m³，充分发挥了滞洪缓洪作用，极大减轻了下游防洪压力。

⑤漳卫河系。漳河岳城水库提前预泄，洪水期间共拦蓄洪水 2.13 亿 m³，削峰率 80%，确保漳河洪水不出主槽，避免了滩地淹没损失。卫河上游支流来水较大，淇河盘石头水库拦蓄洪水 0.65 亿 m³，削峰率 78.8%，避免了淇河洪水与共产主义渠、卫河洪水叠加，减轻了下游防洪压力；采取压减马鞍石和石门等中型水库泄量、卫河合河节制闸分泄等措施，控制下游共产主义渠黄土岗水文站水位未超过 68.00m（黄海高程），避免了良相坡蓄滞洪区启用。

督导检查

海委督导流域各地认真落实以行政首长负责制为主的各项防汛责任制，全面强化河道堤防巡查防守和险情处置工作，广泛动员和调集人力、财力、物力，汇聚成防汛抗洪的强大合力。

汛前，海河防总检查组对流域各河系、委属各管理局开展了防汛备汛检查，对小清河分洪区、南水北调中线工程、北京大兴国际机场等开展了专项检查，全链条检查责任制、方案预案、工程运行管理、河道清障、演习演练、物料储备、在建工程等环节。

在暴雨洪水防范过程中，海委各相关部门、单位和防汛职能组、专家组有关人员全部上岗到位，24h 待命准备随时投入抗洪抢险工作。先后组派或参加 20 个工作组、专家组奔赴一线，对巡查防守、应急抢险、省际协调等进行全程监督检查指导，深度参与白沟河左堤险情处置，确保重要堤防无一溃决，监督协调卫河水库调度，成功调处津冀关于东淀洪水下泄，大清河主槽安全行洪和子牙河行洪的不同诉求，全力保障行洪通道畅通。

3. 经验与启示

领导重视，高位推动

在本次洪水防御工作中，习近平总书记多次对防汛救灾作出重要指示。8 月 8 日，李强总理主持召开国务院常务会议研究防汛抢险救灾工作举措。8 月 1—7 日，张国清副总理先后赴京津冀指导防汛救灾工作。水利部李国英部长、刘伟平副部长密集会商，周密安排海河流域洪水防御工作。流域各地各级领导靠前指挥、组织协调，广泛凝聚起全流域防汛抗洪的强大合力。

坚持完善防洪工程体系

在此次洪水防御过程中，水库、河道及堤防、蓄滞洪区等防洪工程发挥重要作用，确保了北京、天津、雄安新区等重要城市以及大兴国际机场等重要基础设施安全，最大限度减少了灾害损失。

坚持构建防御矩阵

坚持关口前移、"预"字当先，持续强化预报、预警、预演、预案"四预"措施，构建纵向到底、横向到边的水旱灾害防御矩阵。强化气象水文技术融合，逐河、逐库、逐站开展精细化滚动预报，流域主要控制断面24h预见期洪水预报精度达80％以上。构建二维水动力学模型，开展永定河泛区、东淀等蓄滞洪区洪水演进模拟，开展"以测补报"，实时根据监测成果优化预报结果，精准度大幅度提升，为调度决策提供强力支撑。

坚持统一指挥、科学调度

洪水来临前，督导各地调度水库、预泄河网；洪水来临时，组织大中型水库充分拦洪，最大拦蓄洪水28亿 m^3；提早预判多个蓄滞洪区将会运用，及时督导提醒有关地方提前做好群众避险转移准备。特别是对于东淀蓄滞洪区，与河北省水利厅连夜确认关键环节，提前48h向水利部上报关于启用东淀蓄滞洪区的请示，为群众避险转移赢得主动。

坚持流域"一盘棋"理念

充分发挥流域管理机构和流域防总办公室职能，积极调处省市间防洪问题。多次就做好蓄滞洪区行洪障碍清除、上下游信息互通共享等作出安排，有效解决永定河泛区省界附近龙河口门运用、东淀阻水堤埝开卡及大清河主槽行洪问题。组派多个工作组、专家组奔赴一线，对巡查防守、应急抢险等进行监督指导，协调卫河水库调度，成功避免了良相坡蓄滞洪区漫溢启用。

4. 下一步打算

推进防洪工程体系不断完善

针对部分河流上游洪水拦蓄能力不足、河道行洪能力不达标、蓄滞洪区建设滞后等问题，大力推进防洪控制性水库建设，对现有水库进行挖潜扩容，全面推进河道综合整治和堤防达标建设，加快蓄滞洪区围堤隔堤、进退洪控制工程和安全设施建设，持续完善防洪工程体系，切实提升防洪能力。

稳步提升防洪"四预"能力

针对预报、预警、预演、预案"四预"能力不足，气象卫星和测雨雷达、雨量站、水文站组成的雨水情监测预报"三道防线"存在短板等问题，在太行山、燕山山脉迎风坡多雨带及重要区域系统布设测雨雷达，加密雨量站布设，完善水文站网，提高应急监测能力，完善各河系洪水预报模型，构建监测感知体系，强化算力和安全保障，提升防洪"四预"能力，为防洪调度决策提供高效支撑。

积极推进洪水高风险区居民迁建

针对河道滩区内村庄、蓄滞洪区内淹没水深大淹没历时长的区域、山洪灾害易发区等高风险区，应统一规划、分步实施、集中安置、有序外迁，恢复行蓄洪空间，确保人员安全、行洪安全。

推进体制机制法治不断完善

针对蓄滞洪区运用补偿标准与经济社会发展水平不相适应、法律法规指导支撑作用不足等问题，将加强流域统筹和区域协同，推动完善蓄滞洪区管理体系，推进体制机制不断完善，为全面提升流域水旱灾害防御能力提供保障。

（来源：《中国水利》2023 年第 18 期）